W0256567

ISBN 978-3-642-47254-1
DOI 10.1007/ 978-3-642-47650-1

ISBN 978-3-642-47650-1 (eBook)

Über die Lichtempfindlichkeit tierischer Oxydasen und über die Beziehungen dieser Eigenschaft zu den Erscheinungen des tierischen Phototropismus.

Von

Wolfgang Ostwald.

(Aus dem Zoologischen Institut der Universität Leipzig.)

(Eingegangen am 15. März 1908.)

Erste Abhandlung.

I. Allgemeines und Methodisches.

§ 1. Über die physikalisch-chemischen Prozesse, welche durch Absorption strahlender Energie in den Organismen hervorgerufen werden und welche die Grundlagen der phototropischen Reaktionen derselben bilden, besitzen wir zurzeit bekanntlich wenig mehr als ziemlich allgemeine Vermutungen. Dies gilt sowohl für die phototropischen Erscheinungen der Pflanzen, als auch für die der Tiere. Der einzige Versuch, der meines Wissens auf botanischem Gebiet gemacht worden ist, um auf experimentellem Wege Aufschluß über photochemische Veränderungen des Protoplasmas zu erlangen, welche eindeutig mit den phototropischen Reaktionen der Pflanzen verkoppelt sind, rührt von Czapek[1]) her. Dieser Autor fand, daß ganz allgemein beim Verlauf von Reizerscheinungen in der Pflanze (Geotropismus, Heliotropismus, Hydrotropismus usw.) eine Zunahme der auch in tierischen Geweben verbreiteten Homogentisinsäure stattfand. Diese Anhäufung der Homogentisinsäure kommt nach Czapek dadurch zustande, daß die Weiteroxydation derselben durch ein „antioxydatives" Ferment, welches

---

[1]) Czapek, Ber. d. botan. Ges. **20**, 464, 1902 und **21**, 229, 243, 1903.

der ebenfalls weit verbreiteten Tyrosinase entgegenwirkt, verhindert wird. Die betreffende Reizung würde also eine Vermehrung oder „Aktivierung" dieser Antioxydase zur Folge haben. Eine eingehendere, insbesondere auch quantitative Untersuchung dieser wichtigen Entdeckung steht noch aus. — Fernerhin hat J. Loeb[1]) die Vermutung ausgesprochen, daß auf der belichteten Seite eines positiv heliotropischen Pflanzenteils etwa Oxydationsprozesse, auf der unbelichteten Seite etwa Reduktionsprozesse in verstärktem Maße vor sich gehen.[2]) Eine direkte experimentelle Prüfung hat indessen auch diese Ansicht nicht erfahren.

Was die den phototropischen Reaktionen der Tiere zugrunde liegenden photochemischen Prozesse anbetrifft, so ist, soviel ich weiß, keinerlei experimentelles Material vorhanden, welches gestattet, uns über die Natur und die Bedingungen dieser Vorgänge eine irgendwie bestimmte Vorstellung zu machen. Von den Vermutungen, welcher Art diese Prozesse sein können, sind insbesondere die Ansichten von J. Loeb, dem Begründer des Begriffes der tierischen Tropismen, zu nennen. Während z. B. dieser Autor in seinen „Vorles. üb. d. Dynamik der Lebenserscheinungen" nur allgemein von Stoffen spricht, „deren Reaktion durch das Licht beschleunigt oder verzögert wird (188)", hat er in einer neuern Publikation, welche die experimentelle Beeinflussung phototropischer Erscheinungen durch chemische Faktoren sowie durch ultraviolettes Licht darlegte, die Möglichkeit erwogen, daß „die Erregung von positivem Heliotropismus bei Tieren durch Säuren auf der Hemmung der Bildung oder Wirksamkeit einer antipositiven Substanz (der Kürze halber sei dieser Ausdruck gestattet) beruht. Es wäre denkbar, daß die Bedingungen von positivem Heliotropismus — also die positiv heliotropische Substanz — in den uns hier interessierenden Organismen[3]) gegeben sind, daß aber deren (photochemische?)

---

[1]) J. Loeb, Vorles. üb. d. Dynamik d. Lebenserscheinungen, Leipzig, 1906, 171, 172.

[2]) Siehe die ausführlichen Erörterungen weiterer möglicher Wirkungen des Lichts bei phototropischen Reaktionen der Pflanzen in Pfeffer, Pflanzenphysiologie, II. Aufl., 2, § 112, 113, 125, 126 und speziell § 127, 645 ff.

[3]) Gemeint sind die unter natürlichen Bedingungen negativ heliotropischen Daphnien, Volvox usw.

Wirksamkeit durch die fortwährende Bildung gewisser Stoffe im Tierkörper resp. in den Augen gehemmt wird. Nehmen wir nun an, daß Säure die Bildung dieser letzten Antikörper hemmt, so ist die positivierende Wirkung der Säure verständlich. Ebenso ist alsdann die positivierende Wirkung der Temperaturerniedrigung verständlich, da ja hierdurch die Geschwindigkeit der Bildung der hemmenden Antikörper verringert wird." „Was nun die Erregung von negativem Heliotropismus durch ultraviolette oder violette Strahlen betrifft, so kann es sich hier sowohl um die Bildung einer negativ heliotropischen Substanz auf photochemischem Wege als auch, bei etwaigem Vorhandensein einer solchen, um Zerstörung der antagonistischen positiven Substanz oder um beides handeln. Da Temperaturerniedrigung diesen Vorgang verzögert, so sind beide Möglichkeiten in Betracht zu ziehen."[1] Wie man sieht, hat diese theoretische Anschauung eine gewisse Ähnlichkeit mit den Ansichten Czapeks, nach denen die phototropische Reizung bei Pflanzen ebenfalls die vermehrte Bildung einer „Antioxydase" veranlassen soll. Allerdings sind die Loebschen Vermutungen allgemeinerer und entsprechend unbestimmterer Natur als die Anschauungen von Czapek, für welche doch einige nähere, wenn auch noch wenige experimentelle Unterlagen vorhanden sind. Eine andere Möglichkeit, welche besagt, „daß die Säuren bei den Süßwasserorganismen dadurch positiven Heliotropismus hervorrufen, daß sie die Bildung einer gewissen Substanz beschleunigen, von welcher dieser positive Heliotropismus abhängt" (l. c. 577), hält J. Loeb für ausgeschlossen. Als Beweis hierfür sieht J. Loeb den Umstand an, daß bei höherer Temperatur nicht weniger, sondern mehr Säure als bei niedriger Temperatur nötig ist, um eine positivierende Wirkung hervorzurufen, eine Tatsache, die den geläufigen Ansichten über den Temperatureinfluß die Geschwindigkeit chemischer Reaktionen (in unserm Falle die Bildung der positivierenden Substanz) widerspricht. — Ich habe diese Ansichten darum so ausführlich wiedergegeben, weil sie in der Tat die einzigen Vermutungen sind, welche bisher über die Natur der photochemischen Vorgänge, die den photo-

---

tropischen Reaktionen der Tiere zugrunde liegen, angestellt worden sind.

§ 2. Während gewisser noch nicht veröffentlichter und auch noch nicht abgeschlossener Versuche über den Einfluß ausgesprochener organischer und anorganischer Oxydations- und Reduktionsmittel, sowie einiger optischer Sensibilisatoren auf die phototropischen Reaktionen von Daphnia kam mir der Gedanke an eine weitere theoretische Möglichkeit der photochemischen Wirkungsweise strahlender Energie auf Organismen. Diese Möglichkeit erschien insbesondere darum der Prüfung wert, weil sie bestimmtere photochemische Prozesse, die einem experimentellen Studium nicht unzugänglich erschienen, in Betrachtung zog. Die bezeichneten Versuche legten nämlich die Frage nahe, ob nicht vielleicht ein Zusammenhang der phototropischen Erscheinungen mit den Atmungs- oder Oxydationsvorgängen im allgemeinen Sinne, d. h. mit der Gewebeatmung, im Gegensatz z. B. zu den speziellen Oxydationsvorgängen gewisser Nahrungsbestandteile usw., besteht. Schon von allgemein biologischen Gesichtspunkten aus erscheint ein solcher Zusammenhang darum nicht unmöglich, weil man aus der ungeheuren Verbreitung der phototropischen Reaktionsfähigkeit schließen kann, daß die photochemisch beeinflußbaren Vorgänge, welche die orientierten Bewegungsreaktionen veranlassen, ebenfalls zu einer sehr allgemeinen und weit verbreiteten Klasse von Prozessen in tierischen sowohl wie in pflanzlichen Organismen gehören müssen. Auf der andern Seite ist es ja wahrscheinlich, daß es kaum eine chemische Reaktion gibt, welche nicht bis zu einem gewissen Grade lichtempfindlich ist (siehe z. B. Wilh. Ostwald, Lehrb. d. allgem. Chem., 2. Aufl., II, 2, 1012). Zu den allgemeinsten derartigen für fast alle Organismen charakteristischen Prozessen gehören aber zweifellos die allgemeinen Oxydationsvorgänge. Ferner weisen auch speziellere biologische Tatsachen bereits auf einen Zusammenhang zwischen Gewebeatmung und Phototropismus hin. So sei an die von Loeb gefundene Tatsache erinnert, daß Blattläuse, Ameisen usw. einen ausgesprochenen positiven Phototropismus nur zur Zeit ihrer geschlechtlichen Reife resp. zur Zeit ihres „Hochzeitsfluges“ usw. zeigen. Man wird nicht fehl gehen, wenn man die an höheren Tieren, z. B.

Amphibien, zur Brunstperiode gefundene beträchtliche Steigerung der allgemeinen Atmungstätigkeit auch bei niederen Tieren unter analogen Umständen annimmt, obgleich mir spezielle Untersuchungen hierüber nicht bekannt sind, und auch bei den eben ausgeschlüpften jungen Räupchen, z. B. von Porthesia chrysorrhoea, welche einen so außerordentlich intensiven positiven Phototropismus zeigen, wird voraussichtlich eine entsprechende Erfahrung gemacht werden.[1] Natürlich folgt aus der Gleichzeitigkeit von intensiver Atmung und ausgeprägtem Phototropismus noch nicht, daß zwischen ihnen ein kausaler Zusammenhang besteht; indessen machen die angegebenen Parallelen eine solche Möglichkeit doch zu einem gewissen Grade wahrscheinlich.

Es ergeben sich nun insbesondere zweierlei Wege, diese Vermutung experimentell zu prüfen. Der erste besteht darin, daß man, kurz gesagt, die respiratorischen Koeffizienten phototropischer Tiere unter verschiedenen Versuchsbedingungen untersucht. Man sollte erwarten, daß sich, falls ein derartiger Zusammenhang besteht, Verschiedenheiten in den Werten dieser Koeffizienten im Licht und im Dunkeln, sowie entsprechend des positiven oder negativen Sinnes des Phototropismus des betreffenden Organismus usw. ergeben würden. Man wäre auf diesem Wege imstande, den „Brutto"-Einfluß des Lichtes auf die Atmungsvorgänge der phototropischen Organismen zu untersuchen. Allein es ist nicht unmöglich, daß diese Methode zu wenig empfindlich ist, um derartige Einflüsse mit größerer Deutlichkeit zu zeigen, und in diesem Sinne scheinen auch z. B. die Versuche der Botaniker über den Lichteinfluß auf die Atmung der Pflanzen ausgefallen zu sein, insofern, als nach Pfeffer[2] kaum eine derartige Abhängigkeit nachgewiesen werden konnte. Weiterhin würde aber auch eine Abhängigkeit des respiratorischen Koeffizienten von der Belichtung nichts über die photochemischen Vorgänge, welche die Veränderung

---

[1] Siehe z. B. das entsprechende Verhalten auch der Blattknospen, bei welchen während und nach ihrer Entfaltung die Atmungstätigkeit im Vergleich zu den ausgewachsenen Blättern ihren Höhepunkt erreicht (Pfeffer, Pflanzenphysiologie, 2. Aufl., 1, 529).

[2] Pfeffer: Pflanzenphysiologie, 2. Aufl., 1, 573; Czapek, Biochemie d. Pflanz. 2, 399 ff., 1906.

der Sauerstoffaufnahme und Kohlensäureabscheidung bei Belichtung verursachen, und welche uns hier besonders interessieren, aussagen, und endlich können ja auch oxydative, photochemisch empfindliche Vorgänge im Organismus sich abspielen, welche zu Umlagerungen des Sauerstoffs innerhalb des Organismus führen, und welche durch den respiratorischen Koeffizienten nicht zum Ausdruck gebracht werden können, resp. ihn nicht oder nur unwesentlich beeinflussen. Alle diese Umstände machen den Wert dieser allgemeinen Methode etwas fraglich.

Der zweite Weg, um etwaige Beziehungen zwischen den Oxydationsvorgängen im Organismus und Lichtwirkungen aufzufinden, ist folgender: Bekanntlich führt der Organismus eine ganze Reihe von Oxydationen aus, welche im Reagensglas nicht oder nur durch Zufuhr beträchtlicher Mengen nichtchemischer Energie (Wärme, elektrische Energie usw.) oder aber auf chemischen Wegen, welche der Organismus sicher nicht einschlägt, da dieselben bei seiner Zusammensetzung nicht möglich sind, vor sich gehen. Die neueren Forschungen haben nun bekanntlich mit großer Allgemeinheit ergeben, daß die physikalisch-chemischen Mittel, welche der Organismus besitzt, um ganz allgemein derartige im Reagensglas mit entsprechenden Ausgangsstoffen nicht stattfindende Reaktionen zu ermöglichen, in Katalysatoren resp. Fermenten bestehen. Auch für die oxydativen Vorgänge im Organismus hat sich in neuerer Zeit mehr und mehr gezeigt, daß auch hier ungemein weit verbreitete Fermente existieren, welche die bei biologischen Temperaturen sonst unmöglichen Vorgänge der Gewebeoxydation veranlassen oder ermöglichen, resp., um mit Pfeffer zu reden, den molekularen Luftsauerstoff derart „in das Stoffwechselgetriebe reißen", daß diese physiologischen Verbrennungen stattfinden. So zwingend auf der einen Seite alle neueren Untersuchungen auf die wichtige Rolle dieser oxydativen Fermente bei den physiologischen Verbrennungsprozessen hinweisen[1]), so wenig

---

[1]) Siehe die übersichtliche Darstellung in J. Loeb, Vorles. usw. 30 ff.; ferner Czapek: Biochemie d. Pflanzen 2, 464 ff.; Oppenheimer, Fermente, 2. Aufl. 1903, 13, 18, 48, 186 usw.; Schade, Medizinisch-katalytische Studien, Kiel 1907, 25, 346 usw.; Engler und Weissberg, Kritische Studien über die Vorgänge der Autoxydation, Braunschweig 1904, 144, 180, insbesondere 186 ff.

sicher sind wir andererseits über die nähere chemische Dynamik dieser oxydativen Fermentwirkungen. Ich beabsichtige nicht, an dieser Stelle eine ausführliche Übersicht über die verschiedenen Ansichten über die näheren Wirkungsweisen oxydativer Fermente zu geben, sondern möchte nur kurz den folgenden Punkt hervorheben, wobei ich außerdem auf eine frühere Abhandlung, in welcher derselbe Gegenstand bereits etwas ausführlicher behandelt wurde[1]), hinweisen möchte. Das Sicherste vielleicht, was wir den mannigfaltigen experimentellen Erfahrungen zurzeit entnehmen können, ist die Existenz wenigstens zweier, in gewissem Sinne entgegengesetzt wirkender Fermente oder Stoffe in den Extrakten der Gewebe und Körperflüssigkeiten der Organismen. Dies sind auf der einen Seite die als „echte“ Oxydasen bekannten Peroxydasen (Ozonide, echte und indirekte Oxydasen, Bourquelot; α-, β- und γ-Oxydasen von Grüß, Oxygenasen und Peroxydasen, Bach und Chodat usw.), auf der andern Seite das Enzym, welches mit einer Ausnahme[2]) bisher nur betreffs seiner Wirkung auf Wasserstoffsuperoxyd untersucht wurde, die Katalase (Loew, Hämase Senter usw.). Ich möchte das, was ich zur allgemeinen Charakteristik dieser zwei bis drei Arten von Fermenten resp. Stoffen in meiner zitierten Abhandlung gesagt habe, hier nicht wiederholen und auch nicht auf jene dort näher bezeichnete Modifikation der fermentativen Atmungstheorien von J. Loeb, Bach und Chodat, Loew, Senter usw., welche mir den experimentellen Tatsachen am angemessensten erscheint, eingehen; einige speziellere Punkte werden weiter unten nochmals erörtert werden. Nur einen dort nicht besprochenen Umstand von besonderer Wichtigkeit möchte ich hier berühren.

Von Pfeffer ist mehrfach nachdrücklich darauf hingewiesen worden[3]), daß man nicht ohne weiteres berechtigt ist, aus den Eigenschaften von Extrakten der toten Gewebe und Körperflüssigkeiten Schlüsse auf die entsprechenden Verhält-

---

[1]) Wo. Ostwald: Biochem. Zeitschr. 6, 409, 1907.

[2]) Über die Rolle der Katalase bei der Reduktion des Oxyhämoglobins: Walter Ewald, Archiv f. d. ges. Physiol. 116, 334, 1907.

[3]) Siehe z. B. Pflanzenphysiologie, 2. Aufl. 1, 553, 554, sowie Oxydationsvorgänge in lebenden Zellen, Abh. d. k. sächs. Akad. d. Wissensch. 1889.

nisse im lebenden Organismus zu ziehen. So richtig diese
Warnung zweifellos ist, so glaube ich doch nicht, daß die
Schlußfolgerungen, welche man aus den Eigenschaften sog.
„toter" Organismenteile usw. in bezug auf die Eigenschaften
normaler oder lebender Organismen zieht, ganz ohne alle Bedeutung sind. Zunächst ist ja schon der Begriff „tot" ein
sehr variabler und ein für verschiedene Organe usw. sehr Ver-
schiedenes bedeutender Begriff. Man könnte z. B. im Zweifel
sein, ob man das zur Transfusion durch eine Glasröhrenleitung
usw. geleitete Blut eines Wirbeltieres als lebend oder tot bezeichnen muß, resp. ob man aus dem Verhalten des aus dem
Körper entfernten frischen Blutes Schlüsse auf das Verhalten
desselben im Tierkörper ziehen darf. Wären derartige Schlußfolgerungen aus Eigenschaften „toter", von Organismen ab-
stammender Systeme nicht wenigstens zum Teil berechtigt,
d. h. kausal erfolgreich, so würde ja eine analytische Biochemie,
welche doch in den weitaus meisten Fällen den Organismus
zersetzen, ihn schädigen oder doch (bei Versuchen in vivo)
unter nicht normale Bedingungen bringen muß, ganz unmöglich oder zwecklos, was aber nach ihren bisherigen Er-
folgen gewiß nicht der Fall ist. In ganz entsprechender Weise
muß sich ja auch die Anatomie und Histologie zum größten
Teile mit dem Studium „toter" Organismen begnügen, und
obschon z. B. die histologischen Befunde auch nur mit Vorsicht zu Schlüssen auf die Struktur der lebenden Substanz
anwendbar sind (man denke dabei z. B. an die Rolle der
Fixierungsmittel usw., A. Fischer, G. Mann u. a.), so wird
man ihnen doch nicht allen Wert absprechen können. Selbstverständlich bin ich auch der Ansicht von Pfeffer, daß derartige Versuche mit „toten", besser vielleicht mit „isolierten"
Organteilen, — extrakten usw. zunächst nur Annäherungen
an die wirklichen Verhältnisse im normalen „lebenden" Organismus darstellen, indessen sehe ich nur diesen Weg der
sukzessiven analytischen Annäherung, um in das Verständnis
der komplizierten Gesamterscheinungen einzudringen. Daß
mittels dieser Methoden angestellte Untersuchungen zu wichtigen
Aufklärungen biologischer Probleme führen können, zeigen u. a.
die Untersuchungen von Buchner und seinen Mitarbeitern über
den „Preßsaft" der Hefezellen. —

Im Sinne dieser Ausführungen habe ich nun versucht, einen etwaigen Zusammenhang der Atmungs- oder allgemeinen Oxydationsvorgänge in tierischen Organismen mit den phototropischen Eigenschaften der letzteren dadurch zu untersuchen, daß ich die Einwirkungen des Lichts auf die Fermente oder Stoffe, welche bei den Oxydationsvorgängen im Tierkörper sicher oder mit großer Wahrscheinlichkeit eine wichtige Rolle spielen, an Extrakten dieser Fermente aus den Geweben und Köperflüssigkeiten derselben studiert habe.

§ 3. Bevor ich zur Schilderung der Versuche selbst sowie der bei ihnen befolgten Methoden übergehe, wird es zweckmäßig sein, kurz die Resultate zu berühren, welche bisher bezüglich der Wirkungen des Lichts auf Fermente ganz im allgemeinen gewonnen worden sind[1]). Man hat bei den Lichtwirkungen auf Fermente insbesondere zwei Gruppen von Reaktionen zu unterscheiden, welche in der Literatur nicht immer scharf auseinander gehalten werden. Die eine Gruppe enthält die Wirkungen des Lichts auf die Entstehung oder Bildung der Oxydasen in pflanzlichen und tierischen Geweben, ferner aber auch in den Preßsäften oder Organextrakten desselben. Zur andern Gruppe gehören die Einflüsse strahlender Energie auf die fermentativen Oxydationsprozesse selbst, sowohl der in den Geweben des lebenden Organismus als auch der mit den Extrakten im Reagensglas stattfindenden. Es ist anzunehmen, daß im lebenden Organismus beide Prozesse nebeneinander verlaufen, und daß namentlich für den Fall, daß die Peroxydase, resp. das sie begleitende, für ihre Wirksamkeit notwendige organische Peroxyd während der Reaktion verbraucht wird, eine fortwährende Neubildung desselben stattfindet.

Über Wirkungen des Lichtes speziell auf oxydative

---

[1]) In bezug auf die Literatur der photobiologischen Wirkungen insbesondere auf tierische Organismen überhaupt sei auf die Arbeiten von Busck, Mitt. Finsens Lichtinst., Heft VIII, 1904, sowie Biochem. Zeitschr. 1, 425 ff., 1906, hingewiesen. Die photobiologische Literatur über Pflanzen findet sich bis auf die Arbeiten der letzten Jahre vollständig berücksichtigt in Pfeffer, Pflanzenphysiologie, 2. Aufl., 1897 bis 1904; die neuere Literatur ist in Czapek, Biochemie d. Pflanzen 1 u. 2, 1905—1906, aufgezählt.

Fermente habe ich in der Literatur keine Angaben finden können. Ich sehe dabei ab von der allgemeinen Feststellung, welche öfters in der Literatur zu finden ist, daß Fermente allgemein von direktem Sonnenlicht bei Sauerstoffzutritt geschädigt werden, sowie von den schon oben berührten Untersuchungen über den Einfluß der Belichtung auf den Gesamtprozeß der pflanzlichen Atmung. Es wird sich später zeigen, daß diese allgemeine Feststellung des schädigenden Einflusses des Sonnenlichtes auf Fermente bei Sauerstoffzutritt nicht zutrifft in bezug auf das eine der oxydativen Fermente, die Peroxydase. Dagegen ist für andere z. B. hydrolytische Fermente ein spezieller Lichteinfluß wohl beobachtet und studiert worden[1]). Insbesondere durch Green[2]) wurde gezeigt, daß die Wirkung der Diastase des Speichels durch Licht sowohl verstärkt als vermindert werden kann. Es ergab sich bei diesen Untersuchungen u. a. ein interessanter Einfluß der Wellenlänge, insofern als rote und gelbe Strahlen die Wirkung begünstigten, violette sie im Vergleich zu im Dunkeln vor sich gehenden Reaktionen hemmten. Es handelt sich bei diesen Versuchen von Green um Lichteinflüsse der ersten Gruppe, d. h. um eine Neubildung und Zerstörung oder vorhergehende „Aktivierung" und „Inaktivierung" der Diastase durch Licht, da Green nicht den Einfluß des Lichtes auf die Spaltung selbst untersuchte, sondern eine Vermehrung oder Verminderung der diastatischen Wirksamkeit nach der Belichtung der Speichelflüssigkeit maß. Ähnliche Versuche über die im allgemeinen zerstörende Wirkung des Lichtes auf Fermente oder Fermentlösungen selbst sind ferner von Downes und Blunt[3]), Fermi und Pernossi[4]), Duclaux[5]), Fernbach[6]), Emmer-

---

[1]) Siehe die Literatur über das folgende in Czapek, l. c. 1, 71; Duclaux, Traité de Microbiologie 2, 221 ff.; Oppenheimer, Fermente, 2. Aufl., 37, 1903. Über Lichtwirkungen auf Fermente im allgemeinen hat sich Duclaux wohl am ausführlichsten geäußert.

[2]) Green, J. R. Phil. Trans. Roy. Soc. London. 188, 167 ff., 1897,

[3]) Downes und Blunt, Proc. Roy. Soc. Lond. 26, 1877 und 28, 1878.

[4]) Fermi und Pernossi, Zeitschr. f. Hygiene 18, 83, 1894.

[5]) Duclaux, loc. cit. 2, 222, 1899.

[6]) Fernbach, Ann. de l'Institut Pasteur. 3, 473, 1889.

ling[1]), Schmidt-Nielsen[2]) usw. angestellt worden. Das wichtigste, allen diesen Untersuchungen gemeinsame Resultat scheint der Umstand zu sein, daß der Sauerstoff eine wichtige, wenn nicht ausschlaggebende Rolle bei dieser Zerstörung spielt. Dies wird unter anderem gezeigt durch vergleichende Versuche mit offenen und geschlossenen, flachen und hohen Gefäßen, aus Experimenten in Wasserstoff- und Sauerstoffatmosphäre, und vielleicht besonders deutlich durch die schon von Fernbach aufgefundenen, späterhin von Tappeiner und seinen Mitarbeitern bestätigten Einfluß geringer Mengen von Säure oder Alkali, insofern als schon kleine Zusätze von Säure die Zerstörung der Fermente beschleunigten, eine alkalische Reaktion die Fermente verglichen mit neutralen Lösungen jedoch ein wenig schützte. Weiterhin ist an dieser Stelle die eben erschienene Arbeit von Dreyer und Hanssen[3]) zu nennen, in der der wichtige Nachweis gelungen ist, daß die Zerstörung belichteter Fermente, Toxine usw. sehr genau gemäß einer monomolekularen Reaktionsformel vor sich geht, ein weiterer Beweis für die chemische Natur der Lichtwirkung.

Zu den Lichtwirkungen der zweiten Gruppe haben insbesondere die „photodynamischen" Untersuchungen von Tappeiner, Jodlbauer und ihren Schülern Busck, Stark, Liebel, Tillmetz, Rehm, Riegner, Quiring, Locher usw. interessante Beiträge geliefert[4]). Aus diesen Untersuchungen geht einerseits hervor, daß der Zusatz schon von äußerst geringen Mengen fluorescierender Substanzen, z. B. die Invertierung von Zucker durch Invertin bei Belichtung stark behindert, resp. das Ferment zerstört, während ohne Acridin-, Eosin- usw. Zusätze die Hemmung der Reaktion bei gleicher Belichtungsdauer eine verhältnismäßig geringe ist. Auf der anderen Seite

---

[1]) Emmerling, Ber. d. Deutsch. chem. Ges. 34, 3811, 1901.

[2]) Schmidt-Nielsen, Mitt. Finsens Lichtinst. 9, 1904.

[3]) Dreyer und Hanssen, Compt. rend. 145, 564, 1907.

[4]) Die Literatur über diese Untersuchungen ist vollständig von Busck in Biochem. Zeitschr. 1, 435ff., 1906, gesammelt worden. Die wichtigsten speziell sich auf Enzyme beziehenden Arbeiten sind: H. von Tappeiner, Ber. d. Deutsch. chem. Ges. 36, 3035, 1903; v. Tappeiner und Jodlbauer, D. Arch. f. klin. Med. 80, 427, 1904; ibidem 85, 1906.

aber wurde gefunden, daß .auch hier der Sauerstoff eine sehr wichtige Rolle spielt insofern, als die Schädigung nur in Sauerstoffatmosphäre stattfand, sowie der große Einfluß saurer Reaktionen nachgewiesen wurde. Interessant ist noch fernerhin, daß von Straub[1]) sowie von Jodlbauer und Tappeiner selbst in vielen Fällen bei Belichtung der Lösungen fluorescierender Stoffe die Bildung „aktiven" Sauerstoffes, d. h. das Auftreten peroxydartiger Verbindungen nachgewiesen werden konnte.

§ 4. Abgesehen nun von dem Einfluß des Lichts auf die Bildung und Wirkung oxydativer Fermente, möchte ich die Tatsache hervorheben, daß ganz allgemein Oxydationsprozesse, welche photochemisch beeinflußbar sind oder überhaupt nur bei Lichtzutritt mit merklicher Geschwindigkeit verlaufen, außerhalb des Organismus überaus häufig sind, namentlich aber bei Reaktionen organischer Körper vorkommen.[2]) Von den mannigfachen Beziehungen zwischen diesen nicht physiologischen Oxydationen und den fermentativen Atmungsvorgängen möchte ich hier nur die zwei folgenden besonders interessanten hervorheben.

Es ist durch neuere Arbeiten mehrfach gezeigt worden, daß gerade für Oxydationen organischer Körper, welche sich in bezug auf ihre Reaktionsgeschwindigkeit vom Lichte abhängig erwiesen haben, das Auftreten resp. die Mitwirkung von sauerstoffreichen, oft ziemlich labilen Verbindungen (Peroxyden, Moloxyden usw.) charakteristisch ist. In manchen Fällen sind derartige Peroxyde (einschließlich Wasserstoffsuperoxyd) isoliert worden, und es hat sich weiterhin gezeigt, daß diese Peroxyde die Oxydation des betreffenden Körpers ungemein beschleunigen, sowie durch Belichtung vermehrt werden. Infolge dieser photochemischen Vermehrung der die Oxydation beschleunigenden oder vielleicht erst ermöglichenden Peroxyde hat eine Oxydation vieler organischer Körper im Lichte die Form einer Autoxydation resp. genauer den Reaktionscharakter einer Autokatalyse. Dies ist z. B. besonders ausführlich von A. Genthe[3])

---

[1]) Straub, Münch. med. Wochenschr. 1904, Nr. 25, sowie Arch. f. experim. Patholog. 51, 383, 1905.

[2]) Siehe Eder, Photochemie 3. Aufl. Kap. 23, 24, 25 usw., ferner besonders 21, 61, 111, 112, 349 usw.; weiterhin Engler und Weißberg, Vorgänge der Autoxydation, Braunschweig 1904, 178 usw.

[3]) A. Genthe, Zeitschr. f. angew. Chem. 1906.

für die Oxydation des Leinöls gezeigt worden; zweifellos verlaufen auch viele andere lichtempfindliche Oxydationsvorgänge namentlich organischer Körper nach diesem Schema. Nun sind aber bekanntlich schon seit Schönbeins Entdeckung der guajakbläuenden Eigenschaft pflanzlicher Säfte, namentlich aber durch die neueren Arbeiten von Bach und Chodat,[1] Engler und Wöhler[2] Kastle und Loevenhart[3] usw. enge Beziehungen zwischen oxydierenden Fermenten und organischen Peroxyden vermutet und zum Teil auch gefunden worden, so daß z. B. die vier zuletzt genannten Forscher die Existenz eines typischen oxydativen Ferments in Frage stellen und an Stelle dieses ein labiles organisches Peroxyd selbst setzen. In der Tat sind ihre diesbezüglichen Versuche mit typischen isolierbaren organischen Peroxyden (z. B. Benzoyl-, Phtaylsuperoxyd usw.) ziemlich überzeugend, und ich möchte gleich hier bemerken, daß meine Versuche über den Einfluß der Belichtung auf „peroxydasen"-haltige Extrakte ebenfalls in diesem Sinne sprechen, insofern als im allgemeinen Belichtung hier gleichfalls eine Vermehrung oder Aktivierung der guajakbläuenden Eigenschaft derselben verursacht. Dieses Verhalten bringt das betreffende fragliche Ferment in Gegensatz zu den photochemischen Eigenschaften aller übrigen bisher untersuchten Fermente, wenigstens soweit was die Lichtempfindlichkeit der oxydativen Reaktionen selbst anbetrifft. Schließlich spricht noch folgender Grund für die peroxydartige Charakteristik des betreffenden Katalysators. Ich hatte gefunden, daß der Zusatz von KCN selbst in relativ großen Konzentrationen die Tätigkeit einer in den Geschlechtszellenextrakten von Amphibien enthaltenen Peroxydase nicht wesentlich zu hindern vermag.[4] Unabhängig und gleichzeitig hat nun Bach dasselbe Verhalten für eine pflanzliche Oxydase festgestellt.[5] Bach kommt zu

---

[1] Bach und Chodat, Siehe das Sammelreferat derselben im Biochem. Zentralbl. 1, 417 u. 457, 1903, in welchem ihre Einzeluntersuchungen sowie die früheren anderer Forscher angegeben sind. Bezüglich neuerer Literatur vgl. Wo. Ostwald, Biochem. Zeitschr. 6, 409, 1907.

[2] Engler und Wöhler, Zeitschr. f. anorgan. Chem. 29, 1 ff., 1902.

[3] Kastle und Loevenhart. Amer. J. Chem. Soc. 26, 539 ff., 1903.

[4] Wo. Ostwald, Biochem. Zeitschr. 6, 409, 1907.

[5] Bach, Ber. d. Deutsch. chem. Ges. 40, 3185, 1907.

dem Schluß, daß es sich bei der Wirkung von Cyan auf die
Peroxyde nicht um eine eigentliche Giftwirkung, d. h. um
eine Hemmung in relativ kleinen Konzentrationen handelt, entsprechend dem bekannten Einflusse desselben auf andere Fermente, sondern daß die „Peroxydase" mit dem Cyan eine
Verbindung nach stoechiometrischen Verhältnissen eingeht und
dadurch ihre oxydative Wirksamkeit einbüßt. Auch dieser
Umstand spricht für die peroxydähnliche Natur des Ferments
resp. zum wenigsten für den engen Zusammenhang eines echten
oxydativen Ferments mit derartigen labilen bei Belichtung
sich vermehrenden sauerstoffreichen Verbindungen.

Eine zweite Gruppe interessanter Beziehungen zwischen
den Lichtwirkungen auf Fermente und photochemischen, nicht-
physiologischen, speziell auch oxydativen Reaktion bezieht sich
auf den Einfluß der Wellenlänge des Lichts. Wie schon oben
erwähnt, fand Green, daß das Licht je nach seiner Wellenlänge die Diastase des Speichels sowohl vermehren (aktivieren)
als auch vermindern (zerstören) konnte. Diese entgegengesetzte
Wirkung von Licht verschiedener Wellenlänge ist nun besonders darum interessant, weil auch andere chemische Reaktionen,
speziell auch Oxydationen, welche nicht im Organismus vor
sich gehen, in derselben Weise beeinflußt werden. So färbt
sich Papier, das mit alkoholischer Guajaklösung getränkt ist,
im weißen und violetten Licht unter Oxydation grün bis blau,
im roten Licht unter Reduktion wieder gelb (Wollaston,
Herschel, Becquerel).[1] Ferner sind in diesem Zusammenhang besonders wichtig die Untersuchungen von Trautz und
Thomas,[2] aus denen hervorgeht, daß eine ganze Anzahl verschiedenartiger Reaktionen (Oxydation von Pyrogallol, Benz-
aldehyd, Zerfall von H_2O_2, Zersetzung von Kupferchlorür, Na_2S
usw.) durch Bestrahlung mit Licht verschiedener Wellenlänge
insofern entgegengesetzt werden, als verschiedenfarbiges Licht
die Reaktionen im Verhältnis zur Dunkelreaktion sowohl beschleunigen als auch hemmen kann. Wie weiter unten gezeigt
werden wird, gilt Ähnliches auch für die Lichtwirkung auf
peroxydasehaltige tierische Extrakte.

---

[1] Siehe z. B. Eder, Photochemie 3. Aufl. 1906, 371; auch Wilh.
Ostwald, Lehrb. d. allgem. Chem. 2. Aufl. 2, 1, 1085.

[2] Trautz und Thomas, Physikal. Zeitschr. 7, 899, 1906.

§ 5. Es erübrigt noch die bei der Untersuchung angewandten Methoden kurz zu schildern, wobei ich indessen betreffs ausführlicher Angaben auf meine zitierte Abhandlung über das Vorkommen oxydativer Fermente in Geschlechtszellenextrakten, in welcher fast dieselben Versuchsanordnungen benutzt wurden, verweisen möchte.

Zunächst möchte ich angeben, daß ich beiderlei Fermente, die guajakbläuende Peroxydase, sowie die wasserstoffperoxydzersetzende Katalase, in den Extrakten fast aller von mir bisher untersuchten heliotropischen Tiere gefunden habe, wennschon in stark wechselnden Mengen. Namentlich variierte die Menge der Peroxydase je nach der Spezies und je nach den Lebensbedingungen der untersuchten Tiere sehr beträchtlich. Ich habe mich schon früher[1]) über die weite Verbreitung dieser oxydativen Fermente geäußert und will hier nur hervorheben, daß ich diese Fermente in bezug auf ihr Verhalten zum Licht usw. genauer untersucht habe an den Gewebe- usw.-Extrakten folgender Tiere: Larven von Tenebrio molitor, Imagines von Hydrophilus und Dytiscus, sowie eine Ameise (Camponotus), ausgewachsene Raupen von Cossus ligniperda und insbesondere junge, in Nestern überwinternde Räupchen von Porthesia chrysorrhoea. Weniger ausführlich habe ich die Fermentextrakte von Agrion-, Culex- und Ephemeralarven, von Daphnien, Copepoden, Gammariden usw. studiert. Von den ausführlicher untersuchten Organismen sind die Larven von Tenebrio molitor ausgesprochen negativ phototropisch, Hydrophilus und Dytiscus im allgemeinen wechselnd indifferent bis positiv phototropisch. Bei Exemplaren von Dytiscus, welche bei niederer Temperatur überwintert hatten, konnte ich Anfang Januar bei einem Versuch mit 9 Individuen feststellen, daß sie im Wasser bei Zimmertemperatur ausgesprochen negativ phototropisch, abgetrocknet und in demselben, ausgeleerten und getrockneten Gefäß unter gleichen Belichtungsbedingungen dagegen unzweifelhaft positiv phototropische Bewegungen ausführten. Da die Bewegungen der Käfer auf trockner Unterlage außerordentlich viel langsamer und unbeholfener ist, war diese positive Reaktion nicht so deutlich wie die negativ phototropische; immerhin

---

[1]) Wo. Ostwald, l. c.

war kein Zweifel an ihrer Existenz vorhanden, insofern als nach einigen Minuten sich alle in die Mitte des Gefäßes gesetzte Käfer mit Ausnahme von 1—2 Individuen entweder direkt an die dem Fenster zugewandten Seite der Schale oder doch in die vordere Hälfte derselben begeben hatten. Brachte man die abgetrockneten Käfer wieder in Wasser, so erfolgte wieder eine negativ phototropische Wanderung, obschon nicht in der ausgesprochenen Weise wie beim ersten Versuch. Bei mehrmaligem Wechsel der zwei Versuche wurden beide Orientierungen immer unbestimmter. Sollten weitere Untersuchungen dies Verhalten bestätigen (ich habe damals nur diesen einen, allerdings sehr überzeugenden Versuch ausführen können), so würden dieselben eine Analogie zu dem Verhalten gewisser mariner Gammariden ergeben, welche nach Holmes[1]) im Wasser negativ, auf dem Lande dagegen positiv phototropisch sind. Übrigens habe ich in einigen Fällen, wennschon trotz zahlreicher und vielfacher Variation der Versuchsbedingungen nicht regelmäßig, indifferente oder nur schwach positive Hydrophilus und Dytiscus in abgetrocknetem Zustande durch kurzes Baden mit verdünntem Alkohol ausgesprochen positiv phototropisch machen können, entsprechend dem Loebschen Versuchen mit niederen Crustaceen und Volvox.[2]) Die Intensität dieses positiven Phototropismus war in einigen Fällen so groß, wie ich sie je bei positiv phototropischen Tieren überhaupt gesehen habe. Gleichzeitig fand eine allgemeine Steigerung der Beweglichkeit der Tiere auf trocknem Boden statt. Erwähnen möchte ich noch, daß die betreffenden Spezies zur Zeit ihrer Geschlechtsreife (im Sommer) ausgesprochen positiv phototropisch sind, wie daraus hervorgeht, daß sie an geeigneten Stellen in Schwärmen die elektrischen Lampen umfliegen. Meine Versuche mit diesen Tieren wurden indessen im Winter und Frühling 1906 angestellt. — In ähnlicher Weise waren auch die ausgewachsenen Raupen von Cossus ligniperda indifferent bis schwach negativ phototropisch.

Auf der anderen Seite ist seit den klassischen Untersuchungen J. Loebs bekannt, daß die jungen überwinternden

---

[1]) Holmes, Amer. J. Physiol. 5, 211, 1901
[2]) J. Loeb. Arch. f. d. ges. Physiol. 115, 564, 1906.

Räupchen von Porthesia chrysorrhoea einen ungemein starken positiven Phototropismus zeigen, wie ich dies auch bei allen aus der Umgebung von Leipzig stammenden Exemplaren in jedem Jahre, in welchem ich sie daraufhin untersuchte, bestätigen konnte.

Für eine ausführlichere Untersuchung der betreffenden Fermentextrakte wurden somit Vertreter von ausgesprochen negativ phototropischen Tieren (Larven von Tenebrio, indifferent bis negativen (Raupen von Cossus[1])), indifferent bis positiven (Hydrophilus, Dytiscus) und ausgesprochen positiv phototropischen Organismen (Räupchen von Porthesia chrysorrhoea) gewählt.

Die Herstellung der Extrakte geschah in der Regel derart, daß die zu untersuchenden Körperflüssigkeiten, Gewebe usw. mit Chloroformwasser versetzt, wenn nötig, zerrieben und manchmal sofort nach dem Filtrieren, manchmal nach späterer Zeit auf ihre oxydativen Fermente untersucht wurden. Das Nähere über die Herstellungsart, Konzentration, Alter usw. der Extrakte wird bei den einzelnen Versuchen angegeben werden.

Was die Methoden zur Bestimmung des Gehaltes oder der Wirksamkeit oxydasenhaltiger Extrakte anbetrifft, so sind sie, wie ich in meiner zitierten Arbeit des Näheren erörterte, leider ziemlich ungleichwertig. Während die Geschwindigkeitskonstante der Wasserstoffsuperoxydzersetzung unter vergleichbaren Bedingungen ein sehr genaues Maß für die Wirksamkeit oder Konzentration der Katalase abgibt, ist eine quantitative z. B. kolorimetrische Bestimmung der Guajakperoxydase wegen der Verschiedenartigkeit des Farbtons (gelbgrün bis blauviolett) je nach

---

[1] J. Loeb hat dagegen früher gefunden, daß sie positiv phototropische Reaktionen zeigten. Sehr wahrscheinlich ändert sich der Sinn der phototropischen Reizbarkeit auch hier mit dem Alter der Tiere.

[2] Ich möchte noch hinzufügen, daß es mir mit keinem der von J. Loeb gefundenen Mittel (Säure, Alkohol, Ester usw.) gelang, die stark negativ phototropischen „Mehlwürmer" positiv zu machen. Die Larven gehen meist bei sehr kleinen Spuren von Feuchtigkeit schnell zugrunde, was ein Baden mit den betreffenden Substanzen unmöglich macht. Auch bei einer speziellen Versuchsanordnung, bei welcher die Larven nur mit Alkohol in Berührung kommen, fand zwar eine Zerstreuung der negativ phototropischen Ansammlung, nicht jedoch eine positiv phototropische Orientierung statt.

der Herkunft und Art des Extraktes nicht möglich. Nach ver-
geblichen kolorimetrischen Messungsversuchen habe ich darum
eine quantitative Bestimmung der Peroxydase aufgegeben und
mich zunächst mit der Feststellung qualitativer Unterschiede
begnügt. Wie indessen aus den im folgenden geschilderten Versuchen hervorgehen wird, sind bereits die qualitativen Befunde
ziemlich mannigfaltig. Der Übelstand, daß bei solchen qualitativen Bestimmungen immer eine verhältnismäßig große Anzahl
von Vergleichsversuchen gemacht werden muß, ist andererseits
insofern vorteilhaft, als er eine häufige und mannigfaltige Prüfung der Grundtatsachen veranlaßt. Untersucht wurde speziell
die Guajakperoxydase in fast rein wässerigem Medium; einige
Tropfen frischer, stets im Dunkeln gehaltener alkoholischer Guajaklösung wurden zu einigen ccm des zu untersuchenden Extrakts unter geeignetem Schütteln zugegeben, so daß
eine weißlich getrübte Suspension entstand.[1]) Diese Versuchsanordnung bietet, wie ich früher (l. c. 416 ff.) erörtert habe,
einige Vorteile gegenüber dem meist verwandten Verfahren mit
einem stärker alkoholischen Medium, namentlich da die Konzentration des Alkohols, wie spezielle, hier noch nicht ver-
öffentlichte Versuche lehrten, von beträchtlichem Einfluß auf
die Guajakbläuung ist. In der Regel wurde ohne H_2O_2-Zusatz
gearbeitet. Auch hier konnte indessen in vielen Fällen die
Stärke oder Schnelligkeit der Bläuung durch Zusatz von Wasserstoffsuperoxyd erhöht werden. (Siehe die zitierte Arbeit.)

Die Messung der Katalase geschah in normaler Weise durch
Titration der Reaktionsgemische mit Schwefelsäure und Kalium-
permanganat. Weitere methodische Einzelheiten sind bei den
Versuchen selbst angegeben.

Endlich möchte ich noch bemerken, daß die hier geschilderten Versuche nur eine Auswahl von typischen Beispielen
darstellen, derart, daß ich für die meisten derselben Doppel usw.-
Versuche nicht mitgeteilt habe. Ich habe über die hier untersuchten Verhältnisse im Laufe des Jahres 1907 ca. 600 Versuchsreihen, die Reihe zuweilen zu 12 und mehr Einzelversuchen
angestellt.

---

[1]) Eine wertvolle, kritische Untersuchung über diese Guajakreaktion,
insbesondere der Peroxydase der Milch erschien soeben von P. Waentig,
Arb. a. d. Kais. Gesundheitsamte XXVI, 464, 1907.

II. Über die Lichtempfindlichkeit tierischer Katalasen.

§ 6. Die Katalase gehört unzweifelhaft zu den weit verbreitetsten Fermenten im tierischen Organismus. Ich habe bisher noch keinen wässerigen Extrakt aus einem tierischen Gewebe usw. gefunden, welcher nicht zu gewissem Grade die Fähigkeit der Wasserstoffperoxydzersetzung gehabt hätte. Bekanntlich vertraten die älteren Autoren die Meinung, daß diese Eigenschaft eine Eigentümlichkeit aller Fermente sei; der Grund hierfür liegt aber zweifellos in der ungeheuren Verbreitung dieses Enzyms. Denn durch systematisches eingehendes Studium wurde zuerst von Jakobsen[1]), in neuerer Zeit wieder von Senter[2]) nachgewiesen, daß die wasserstoffperoxydspaltende Fähigkeit vieler Fermentlösungen unabhängig ist von der spezifischen Fermentwirkung, sowie, daß die Katalase durch fraktionierte Alkoholfällung und durch Erhitzen auf bestimmte Temperaturen von dem zweiten gleichzeitig in der Lösung vorhandenen Ferment zu trennen ist und vice versa. Auch die nähere reaktionskinetische Untersuchung der Blutkatalase von Senter und der Hefekatalase von Issajew[3]), sowie die anschließenden Versuche über die Giftwirkungen gewisser Stoffe führte zur spezifischen Charakterisierung dieses Ferments, und schließlich sei schon hier hervorgehoben, daß der Einfluß der Belichtung auf Extrakte, welche gleichzeitig Guajakperoxydase und Katalase enthalten, für diese zwei Fermente ein gerade entgegengesetzter ist, ein Umstand, der auch für die Spezifität der Katalase spricht.

Ein wichtiger Punkt von weittragender biologischer Bedeutung ist fernerhin der Umstand, daß die Katalase nicht nur Wasserstoffsuperoxyd, sondern anscheinend auch andere Stoffe mit locker gebundenem Sauerstoff zu zersetzen vermag. Dies geht aus der vor kurzem erschienenen Arbeit von W. Ewald[4]) über den Einfluß der Katalase bei der Reduktion des Oxyhämoglobins hervor. Eine nähere, sich auf andere organische Peroxyde erstreckende Untersuchung dieser Beziehung wäre

---

[1]) Jakobsen, Zeitschr. f. physiol. Chem. **16**, 340 ff., 1895.

[2]) Senter, Zeitschr. f. physikal. Chem. **44**, 257 ff., 1903.

[3]) Issajew, Zeitschr. f. physiol. Chem. **42**, 102 ff., 1904; **44**, 546 ff., 1905.

[4]) W. Ewald, l. c.

von großer Wichtigkeit u. a. für die fermentative Theorie der physiologischen Verbrennung.

Die im folgenden beschriebenen Versuche über die Eigenschaften der Katalase wurden direkt mit chloroformwässerigen Gewebeextrakten, d. h. mit Lösungen, welche neben der Katalase noch andere Fermente enthielten, angestellt. Es kann befremden, daß die Untersuchung nicht mit reineren und konzentrierteren Katalaselösungen, wie sie nach den Verfahren von Bergengrün, Jacobson, Senter, Issajew usw. hergestellt werden können, unternommen wurden. Zunächst zeigt folgender Versuch, daß auch aus tierischen Körperflüssigkeiten die Katalase durch fraktionierte Alkoholfällung wenigstens bis zu einem bestimmten Grade gereinigt werden kann.

Versuch 1. Die in ca. 2 ccm Chloroformwasser aufgefangene Hämolymphe zweier Hydrophilus (zusammen annähernd 3 ccm) wurde mit Chloroformwasser auf das Doppelte des Volumens gebracht; sodann wurde 96$^0/_0$iger Alkohol zugegeben, bis eine leichte Trübung der Lösung eintrat (ca. 7 ccm). Der Niederschlag, welcher sich nur sehr langsam absetzte, wurde abzentrifugiert sowie einmal mit ca. 12 ccm 50$^0/_0$igem Alkohol gewaschen, dann filtriert und über Chlorcalcium bei Zimmertemperatur getrocknet. Sodann wurde der durch Tyrosinase und ein natürliches Chromogen in der Hämolymphe schwärzlich gefärbte Niederschlag mit Chloroformwasser einige Stunden stehen gelassen.

Das Filtrat (ca. 25 ccm, alkoholische Lösung von ca. 50$^0/_0$), welches schwachgelblichgrün war, gab trotz seiner großen Verdünnung mit Guajactinktur und H_2O_2 eine sehr kräftige Gu.-Reaktion, die bemerkenswerterweise sogar stärker war als die Reaktion der ursprünglichen (mit ca. 5 Volumen Wasser verdünnten) Hämolymphe. (Über den beschleunigenden oder verstärkenden Einfluß von Alkohol auf die Peroxydasenreaktion siehe in einer späteren Abhandlung). Bei Zusatz von H_2O_2 zeigte das Filtrat noch Katalasenwirkung, wenn schon in deutlich geringerem Maße als die ursprüngliche Lösung.

Der aus der Digeration des (wasserunlöslichen) Niederschlages mit Chloroformwasser gewonnene Extrakt zeigte sehr beträchtliche Katalasenwirkung, welche, wenn schon wegen des Alkoholgehalts ein direkter zahlenmäßiger Vergleich zwischen Filtrat und Niederschlag in bezug auf Fermentgehalt nicht möglich ist, der Wirkung des Filtrates nicht nachzustehen schien. (Über die Wirkung des Alkohols auf die fermentative H_2O_2-Zersetzung wird in einer späteren Abhandlung Näheres mitgeteilt werden.) Dieser Extrakt besaß nicht mehr die Fähigkeit, suspendiertes Guajacharz in Gegenwart von H_2O_2 zu färben; auch nach längerem Stehen setzte sich nur ein sehr schwach gelblichgrün angefärbter Niederschlag ab, der in keinem Fall tiefer gefärbt war als ein in entsprechenden Verhältnissen hergestellter Guajacniederschlag in reiner H_2O_2-Lösung.

Wäscht man den durch Alkoholfällung erhaltenen katalasehaltigen Niederschlag nicht mit einem größeren Volum 50%igen Alkohol aus, so zeigt der wässerige Extrakt noch eine schwache Guajacfärbung; diese nimmt deutlich mit dem Waschen ab.

Über ein Mittel, umgekehrt Extrakte herzustellen, welche sehr katalasenarm, andererseits aber peroxydasenreich sind, wird weiter unten berichtet werden.

Der Grund dafür, daß ich nicht derartig reinere Katalasenlösungen, sondern die viel komplizierter zusammengesetzten Extrakte untersuchte, war folgender: Die in vorliegender Abhandlung beschriebenen Versuche wurden weit weniger zwecks Studiums der genauen kinetischen Eigenschaften der Fermente als vielmehr mit der Absicht angestellt, nach einer Parallele zwischen dem Verhalten der genannten Fermente gegen Belichtung und den phototropischen Erscheinungen der Tiere zu suchen. Es ist von vornherein wahrscheinlich, daß derartige eventuell bestehende Beziehungen deutlicher zum Vorschein treten, wenn die zur Untersuchung gelangenden Körpersäfte und -extrakte so wenig als möglich durch Isolierungs-, Reinigungs- usw. Methoden verändert werden. Jedenfalls erlauben Versuche mit frischen, unter möglichster chemischer und physikalischer Schonung hergestellten Extrakten mit größerer Annäherung Schlüsse auf ein entsprechendes Verhalten der Stoffe im Tierkörper zu ziehen, als Versuche mit gereinigten, aber sicherlich oft dabei stärker veränderten Fermentlösungen. Es ist ferner anzunehmen, daß die verschiedenen Fermente, zumal die hier in Betracht kommenden sich im Tierkörper in bezug auf ihre Tätigkeit gegenseitig beeinflussen; nimmt man dies an, so muß eine derartige Beziehung auch, vielleicht erst recht bei intensiverer Einwirkung äußerer Faktoren, z. B. hier der Belichtung, vorhanden sein. Diese Beziehung tritt bei der Untersuchung der isolierten Fermente nicht hervor. Zweifellos ist für eine nähere Analyse der Wirkungsweise der einzelnen Fermente die Verwendung reiner Fermentlösungen vorzuziehen. Bei den vorliegenden biologischen Versuchen, welche zunächst einmal die Frage zu entscheiden hatten, ob in den Körperflüssigkeiten überhaupt photochemische Prozesse, welche zu einer näheren Analyse der phototropischen Reaktion geeignet sind, nachgewiesen werden können, bietet aber die Untersuchung derartig komplexer Systeme (Extrakte) den Vorteil, daß gleich eine ganze Summe von Variabeln in bezug auf ihr Verhältnis zur Belichtung betrachtet wird. Wenn schon solche Systeme gewöhnlich auch als „tot" bezeichnet werden, so verwirklichen sie doch, eingedenk der Pfefferschen Warnung, größere Annäherungen an die wirklichen biologischen Verhältnisse als ihre isolierten Bestandteile, und man kann mit größerer Berechtigung hoffen, analoge Beziehungen aufzufinden.

Schließlich möchte ich darauf hinweisen, daß die biologischen Verhältnisse selbst insofern dem Wunsche nach Lösungen isolierter Fermente entgegenkommen, als z. B. die frischen Extrakte der jungen überwinternden Räupchen von Porthesia chrysorrhoea ganz ungemein reich an Katalase sind, während eine Guajacreaktion erst nach längerem Stehen der Extrakte an der Luft und im Licht zu erzielen ist. Ebenso sind die Extrakte von getrockneten Ameisen, welche während des Hochzeitsfluges gefangen wurden und stark positiv heliotropisch waren, ziemlich reich an Katalase, weisen aber mit H_2O_2 und Guajac auch nach längerem Stehen keine deutliche Grün- oder Blaufärbung auf. Umgekehrt sind z. B. die Extrakte aus dem Darminhalt hungernder Mehlwürmer außerordentlich peroxydasehaltig, wie bereits Biedermann fand[1]), während sie auf der andern Seite zwar immer noch Wasserstoffperoxyd zersetzen, jedoch in Anbetracht ihrer Empfindlichkeit gegen die Guajacprobe nur in sehr geringem Maße resp. bei relativ hoher Konzentration[2]).

Für die in diesem Abschnitt beschriebenen Versuche wurden dementsprechend hauptsächlich Extrakte von überwinternden Porthesia-Räupchen, die ich durch Zerreiben der Räupchen mit Chloroformwasser, Digerieren bei Zimmertemperatur (in der Regel) und Filtrieren herstellte, benutzt Da diese Versuche Anfang 1906 begonnen wurden, mußte ich die Räupchen aus den Nestern herausnehmen resp. sie in bekannter

---

[1]) Biedermann: Arch. f. d. ges. Physiol. 72, 105, 1898.

[2]) Über den bemerkenswerten Umstand, daß die stark positiv photo tropischen Räupchen von Porthesia gerade so besonders katalasenreich und peroxydasenarm, die intensiv negativ phototropischen hungernden Mehlwürmer dagegen relativ katalasenarme, dafür aber stark peroxydasenreiche Extrakte liefern, siehe weiter unten. (Kap. IV.)

Weise durch gelindes Erwärmen und Besonnen[1]) herauslocken.
Als im Frühling die Räupchen selbständig die Nester ver-
ließen, trotzdem ich sie in einem dunkeln und kühlen Keller
aufbewahrte, oder aber starben, sah ich mich genötigt, nach
einer Methode zu suchen, welche eine, wenn auch nur teilweise
Konservierung der Katalase gestattete. Es ergab sich nun,
daß durch möglichst schnelles Trocknen der Räupchen (über
Chlorcalcium) sowie durch Aufbewahrung in lichtundurch-
lässigen oder gelben Gefäßen an möglichst kühlen Orten, ein
beträchtlicher Teil der Katalase konserviert wurde, so daß ich
eine große Anzahl z. B. reaktionskinetischer Versuche sowie
Nachprüfungen mit diesem, was Dosierung der Extrakte anbetrifft, sehr bequemen Material anstellen konnte. Selbst nach
einem Alter von fast neun Monaten erwies sich dies Material,
welches keineswegs in bezug auf Licht- und Temperaturwirkung
übermäßig geschützt worden war, als vollkommen brauchbar.

§ 7. Es wäre vielleicht zweckmäßig, der Darstellung der
Versuche über den Einfluß des Lichtes auf die Katalase die
Untersuchungen voranzuschicken, welche ich über die nähere
chemische Kinetik der Katalasenwirkung angestellt habe. Da
indessen diese Messungen ziemlich ausgedehnt sind, andererseits aber ihr Hauptinteresse in den Beziehungen zu den entsprechenden kinetischen Studien von Senter über Blutkatalase
und von Issajew über Hefekatalase besteht, so seien sie erst
später mitgeteilt, hier vielmehr nur vorausgenommen, daß der
Verlauf der H_2O_2-Zersetzung durch sämtliche untersuchte
tierische Extrakte bei nicht zu großer H_2O_2-Konzentration und
bei niederer Temperatur in erster Annäherung sehr gut durch
die monomolekulare Geschwindigkeitsformel dargestellt wird.
Dasselbe ist bekanntlich von Senter und Issajew gefunden
worden, so daß es sich mit gewisser Wahrscheinlichkeit also um
ein und dasselbe Ferment handelt.

Zur Versuchstechnik sei noch bemerkt, daß vorwiegend
nur mit natürlichem Licht (diffuses, durch Schirme und Filter
gehendes sowie direktes Sonnenlicht) gearbeitet wurde. Der

---

[1]) Durch Erwärmen allein (z. B. im dunkeln Thermostaten)
kriechen die Räupchen in der Regel selbst bei Verwendung höherer
Temperaturen langsamer aus als bei gleichzeitiger Besonnung, ein Umstand, der eine eingehendere Untersuchung verdiente.

mangelnden Intensitätskonstanz des natürlichen Lichtes entsprechen auf der andern Seite die Vorteile der größeren Intensität, der reicheren Zusammensetzung an Strahlen verschiedener Wellenlänge sowie ganz besonders der Umstand, daß durch diese Versuchsanordnung den natürlichen biologischen Verhältnissen in größerer Annäherung Rechnung getragen werden konnte. Dieser letztere Punkt, der u. a. seine Bedeutung darum hatte, weil in der Regel die Tiere auf ihr natürliches phototropisches Verhalten untersucht wurden, bevor sie oder ihre Organe zu Fermentextrakten verarbeitet wurden, ist mir während dieser ganzen Untersuchung besonderer Berücksichtigung wert erschienen.

Um bei wechselnden Belichtungsbedingungen die Temperatur möglichst konstant zu halten, wurden fast stets tunlichst große Wasserbäder benutzt, stets dann, wenn es sich um längere Versuche handelte. Eigentliche Thermostaten von größerer Konstanz und Handlichkeit standen mir nicht zur Verfügung; indessen habe ich nie eine Temperaturvariation, die größer als 1^0 war, abgelesen. Bei Versuchen mit direktem Sonnenlicht befanden sich die Wasserbäder oft eine längere Zeit vorher im Sonnenlicht, um die größte Temperaturdifferenz und entsprechend den schnellsten Temperaturanstieg möglichst zu vermeiden. Hinzu kommt noch, daß der Temperaturkoeffizient der Katalasenwirkung ein für chemische Reaktionen ungewöhnlich kleiner ist; er beträgt nach Senter[1]) 1.4 bis 1.5 pro 10^0. Endlich aber ergibt sich in einigen Fällen, daß die Wirkung einer eventuellen Temperaturerhöhung z. B. in einem von direktem Sonnenlicht getroffenen Gefäße gerade den entgegengesetzten Einfluß hat wie die Lichtwirkung. Dies gilt z. B. für die Katalase, welche, wie gleich gezeigt werden wird, durch Belichtung zerstört, durch Temperaturerhöhung in den hier in Betracht kommenden Grenzen aber in ihrer Wirkung verstärkt wird.

Um den Einfluß von Licht verschiedener Wellenlänge zu untersuchen, wurden Lichtfilter von gleicher Schichtdicke aus Lösungen von Kaliumbichromat und Methylviolett B verwandt. Es sind dies dieselben Filter, mit welchen Trautz und

---

[1]) Senter, l. c. 291.

Thomas (loc. cit.) ihre oben angedeuteten interessanten Resultate erhalten haben. Natürlich sind bei Verwendung von Glasgefäßen und Wasserbädern die wichtigen ultravioletten Strahlen so gut wie vollständig ausgeschlossen. Eine Versuchsanordnung mit flachen offenen Schalen unter freiem Himmel schien nur wegen der kaum zu vermeidenden Verdunstung und Verunreinigung durch Staub und Ruß nicht einwandsfrei. Die „Dunkel"-Gefäße waren mehrmals dicht mit Staniol umwickelt und befanden sich stets im selben Wasserbad usw. Quarzgefäße und Quecksilberlicht standen mir nicht zur Verfügung.

§ 8. Meine Versuche über den Einfluß des Lichtes auf die Katalase können in folgende Gruppen geordnet werden:

a) Ein und dieselbe Fermentlösung wurde in verschiedene Portionen geteilt, diese unter verschiedenen Umständen belichtet, und der Einfluß der Belichtung dadurch untersucht, daß Reaktionsgemische von gleicher H_2O_2- und Extraktkonzentration mit den verschieden belichteten Extrakten hergestellt und die Geschwindigkeit der Zersetzung gemessen wurde.

b) Es wurde der Einfluß der Belichtung auf die H_2O_2-Zersetzung selbst untersucht, indem zwei Gemische, welche gleiche Mengen von H_2O_2 und ein und derselben Fermentlösung enthielten, verschiedenen Beleuchtungsbedingungen ausgesetzt wurden.

c) Es wurden lebende Tiere wechselnden Belichtungsverhältnissen ausgesetzt, dann in gleichmäßiger Weise abgetötet, Extrakte, welche ein gleiches Gewicht Tiere auf gleiche Volumina Chloroformwasser enthielten, in möglichst gleichartiger Weise hergestellt und diese Extrakte gemäß der Versuchsanordnung A untersucht.

A. I. Versuche mit Extrakten aus unmittelbar vor der Herstellung getöteten Tieren.

§ 9. Versuch 2 (Va). 20 im Dunkeln und Kühlen gehaltene lebende Räupchen von Porthesia chrysorrhoea wurden mit 20 ccm Chloroformwasser verrieben, die Flüssigkeit abfiltriert. Ein Teil dieses Extraktes wurde in ein Kölbchen gegeben, das dicht mit Stanniol umwickelt war, ein anderer Teil wurde in ein gleiches unbewickeltes Kölbchen gebracht; beide Gefäße wurden unter gleichen Bedingungen im Wasserbad in die ziemlich kräftige Sonne (April) gestellt. Temp. ca. 22^0. Nach einer Stunde Bestrahlung wurde in zwei Reagensröhren mit je 10 ccm ca. $\dfrac{H_2O_2}{50}$ je 1 ccm der Extrakte ·hineingegeben und beide Röhrchen bei Zimmertemperatur (ca. 17^0) in diffusem Lichte stehen gelassen. Nach zwei Stunden wurde die Reaktion durch Zugießen von konzentrierter Schwefelsäure in beiden Gefäßen zum Stillstand gebracht und die noch vorhandene H_2O_2-Menge mit $\dfrac{KMnO_4}{500}$ titriert. Es ergab sich

Anfangstiter: 10 ccm $H_2O_2 = 28\,.\,0$.

Hell: nach 2 Std. 27.2	Dunkel: nach 2 Std. . . 16.0
Zersetzte H_2O_2-Menge : 0.8 $= 2.7\,^0/_0$	Zers. H_2O_2-Menge : 12.0 $= 46.4\,^0/_0$

Berechnet man gemäß der monomolekularen Geschwindigkeitsformel die Konstanten der Zersetzung, so erhält man für „Hell" den Wert .00010, für „Dunkel" den Wert .00203. Es ergibt sich also, daß durch die einstündige, allerdings kräftige Bestrahlung durch direktes Sonnenlicht, der Katalasengehalt der Lösung auf weniger als ein Zwanzigstel des ursprünglichen Gehaltes gesunken war.

Versuch 3 (N 23). Ungefähr drei Tropfen Hämolymphe eines mit Chloroform getöteten weiblichen Dytiscus marginalis wurden mit ca. 20 ccm Chloroformwasser verdünnt, je 2 ccm des filtrierten, schwach gelblichgrünen Extraktes, der qualitativ mit H_2O_2 eine ungemein lebhafte Sauerstoffentwicklung gab, wurden in ein verdunkeltes und in ein helles Reagensrohr gebracht. Beide Röhrchen im Wasserbad in die schwache Sonne (November). Temp. 13—14^0. Nach einer Stunde Bestrahlung zu jedem Röhrchen 10 ccm verdünnte H_2O_2-Lösung. Nach sehr energischer halbstündiger Reaktion

Anfangstiter: 10 ccm $H_2O_2 = 34\,.\,2$ ccm $\dfrac{KMnO_4}{500}$[1])

Hell: nach 30′ 1.8	Dunkel: nach 30′ 1.2
Zersetzung H_2O_2 : 32.4 $= 94.7\,^0/_0$	Zersetzung H_2O_2 : 33.0 $= 96.8\,^0/_0$

Die Geschwindigkeitskonstanten ergeben sich zu .00929 für „Hell" und .01520 für „Dunkel". Der Unterschied ist in diesem Falle zwar kleiner als im vorigen Versuche, jedoch zweifellos größer als etwaige Versuchsfehler betragen können. Der Grund dafür ist, wie aus den folgenden Versuchen her-

---

[1]) Alle Titrationen in der vorliegenden Arbeit wurden mit $\dfrac{KMnO_4}{500}$, von dem ein großer Vorrat auf einmal hergestellt worden war, ausgeführt.

vorgeht, erstens darin zu suchen, daß die Bestrahlung ziemlich schwach, die Temperatur fast 10^0 niedriger als bei vorigem Versuch, sowie die Extrakte außerordentlich katalasenreich sind. Ferner treten aus reaktionskinetischen Gründen bei einer fast vollständigen Zersetzung wie in diesem Versuch in beiden Gefäßen die vorhandenen Geschwindigkeits- resp. Fermentkonzentrationsunterschiede naturgemäß nur sehr wenig hervor. — Dieser Versuch wurde mitgeteilt, um zu zeigen, unter welchen Versuchsbedingungen die im allgemeinen sehr deutliche Lichtwirkung scheinbar in nur sehr geringem Maße zur Geltung kommt.

Versuch 4 (Nr. 34). Ein verdünnter Dytiscus-Hämolymphe-Extrakt, welcher ca. 30 Stunden im Dunkeln resp. in schwachem, diffusem Lichte gestanden hatte, wurde in zwei Portionen geteilt, von denen eine verdunkelt, die andere frei der Sonne (ziemlich schwach, November) ausgesetzt wurden. Temperatur (des Wasserbades) ca. 14^0. Nach vier Stunden Bestrahlung wurden je 2 ccm Extrakt mit 10 ccm H_2O_2 gemengt und je 5 ccm titriert.

Anfangstiter : 14.5 (berechnet).

1. Hell: nach 20′ .... 10.2   Dunkel: nach 20′ 8.1

Zersetzung H_2O_2 : 4.3 = 29.6 %   Zersetzung H_2O_2 : 6.4 = 44.1 %

2. Hell: nach 35′ ..... 8.1   Dunkel: nach 35′ 6.1

Zersetzung H_2O_2 : 6.4 = 44.1 %   Zersetzung H_2O_2 : 8.4 = 57.9 %

Der Unterschied zwischen den in beiden Lösungen wirkenden Fermentkonzentrationen beträgt nach 20′ (in Prozenten ausgedrückt) 14.5, nach 35′ 13.8. Dieses Abnehmen des Unterschiedes während der zweiten Hälfte der Reaktion demonstriert die Richtigkeit des bei der Besprechung des vorigen Versuches Gesagten.

Berechnet man die Geschwindigkeitskonstanten der Reaktionen, unter der Annahme, daß die Reaktion nach dem monomolekularen Schema verläuft, so erhält man

Tabelle 1.

Hell		Dunkel	
t	.4343 K	t	.4343 K
20′	.0126	20′	.0076
35′	.0108	35′	.0072
Mittel: .0117		Mittel: .0074	

Benutzt wurde zur Berechnung die Integration .4343 K $= \frac{1}{t} \cdot \log \frac{C_0}{C_t}$, worin t die Zeit, C_0 das Anfangstiter und C_t den zurzeit vorhandenen Titer darstellt.

Die Konstanten nehmen mit der Reaktionszeit etwas ab; über die Gründe hierfür siehe den II. Teil dieser Untersuchungen (Kap. reaktions-kinetische Eigenschaften tierischer Katalasen).

Es ergibt sich beim Vergleich der Geschwindigkeitskonstanten, daß durch eine vierstündige Bestrahlung unter den geschilderten Bedingungen die Katalase um ca. $37\,^0/_0$ gestört wird.

Versuch 5 (N. 25). Ein Dytiscus, dessen Leibeshöhle geöffnet und dessen Hämolymphe durch vorsichtiges Auf- und Niederdrücken des geöffneten Körpers in Chloroformwasser ausgespült worden war, wurde ca. 20 Stunden im Halbdunkeln in ungefähr 20 ccm Chloroformwasser belassen, die Flüssigkeit sodann abfiltriert. Sorge war dafür getragen worden, daß einerseits nicht der Darm usw. zerrissen wurde, sowie andererseits, daß durch Verdunsten des Chloroforms sich nicht Bakterien entwickelten. Von diesem Extrakt wurden einige Kubikzentimeter in ein helles und in ein verdunkeltes Röhrchen gegeben, beide Röhrchen in ein Gefäß mit Wasser gegeben und auf dem Experimentiertisch stehen gelassen. Nach ca. 24 weiteren Stunden, während welchen die Röhrchen 4 Stunden direktem, allerdings schwachem Sonnenlicht (November) und ca. 6 Stunden diffusem Lichte ausgesetzt waren, wurde 1 ccm Extrakt mit 10 ccm H_2O_2 gemischt. Temperatur 15 . 0 bis 15 . 5°.

Tabelle 2.

Zeit in Min.	Hell		Dunkel		
	Titer (5 ccm)	$.4343\,K_H$	Titer (5 ccm)	$.4343\,K_D$	$K_D : K_H$
0	15 . 6	—	15 . 6	—	—
20	13 . 7	. 0028	8 . 4	. 0134	4 . 8
40	12 . 3	. 0026	5 . 4	. 0115	4 . 4
	Mittel:	. 0027	Mittel:	. 01295	4 . 6

Es zeigt sich also, daß durch einfaches Stehenlassen auf dem Experimentiertisch, welcher in 24 Stunden ca. 4 Stunden von der Sonne beschienen war, der Katalasengehalt des Extraktes bis fast auf ein Fünftel seiner ursprünglichen Konzentration vernichtet wird. Dieser Versuch ist vielleicht darum interessant, weil in Aquarien usw. gehaltene lebende Versuchstiere sich oft unter entsprechenden Belichtungsbedingungen befinden. Würde die Zerstörung der Katalase im lebenden Körper in entsprechender Weise vor sich gehen (siehe hierüber spätere Versuche), so würden in der Tat durch Belichtung kräftige chemische und physikalisch-chemische Änderungen im Tierkörper verursacht werden.

Versuch 6 (N. 28). Ein sehr katalasenreicher, frischer Dytiscus-Hämolymphe-Extrakt wurde in ein verdunkeltes und in ein helles Kölbchen verteilt, einige Tropfen Chloroform zugegeben, beide Kölbchen zugekorkt und im Wasserbad dem Licht eines Auerbrenners ausgesetzt.

I. Nach 5 Std. wurden je 2 ccm Extrakt mit 10 ccm H_2O_2 gemischt und nach 5 Min. titriert.

Anfangstiter: 34.2.

Hell: nach 5 Min. . . . . 19.4   Dunkel: nach 5 Min. . . 16.8

Zersetzung H_2O_2 : 14.8 = 43.3 %   Zersetzung H_2O_2 : 17.4 = 50.9 %

Geschwindigkeitskonstante .04925   Geschwindigkeitskonstante .06174

II. Nach weiteren 7 Std. künstlicher Beleuchtung (im ganzen 12 Std.) und weiteren 8 Std. sehr schwacher diffuser natürlicher Beleuchtung (November) wurden weiterhin je 1 ccm Extrakt mit 10 ccm H_2O_2 gemischt sowie nach 15 Min. titriert.

Anfangstiter: 34.2.

Hell: nach 15 Min. . . . 19.8   Dunkel: nach 15 Min. . . 18.0

Zersetzung H_2O_2 : 14.4 = 42.1 %   Zersetzung H_2O_2 : 16.0 = 46.8 %

Geschwindigkeitskonstante .01716   Geschwindigkeitskonstante .01858

Die Zerstörung der Katalase findet also, wie zu erwarten war, auch bei künstlicher Beleuchtung statt, wenn schon die gefundenen Wirkungen beträchtlich kleiner als bei natürlichem Lichte sind.

Versuch 7 (N. 35). Eine Katalasenlösung wurde, ähnlich wie in Versuch 5, durch Extrahieren eines geöffneten Dytiscuskörpers mit Chloroformwasser hergestellt, filtriert, in zwei Portionen geteilt und in verdunkeltem und hellem Kölbchen zweimal 24 Std. im Wasserbad (verschlossen) stehengelassen. Während dieser Zeit waren die Kölbchen zweimal ungefähr 4 Std. direkter, aber schwacher Sonne (November) ausgesetzt gewesen. Es wurden je 100 ccm H_2O_2 mit 10 ccm Extrakt vermischt und immer 10 ccm titriert. Temperatur 13.5 bis 14°.

Tabelle 3.

Hell			Dunkel			
Zeit in Min.	Titer	.4343 K_H	Zeit in Min.	Titer	.4343 K_D	$K_D : K_H$
0	30.8 (ber.)	—	0	30.8 (ber.)	—	—
10	29.5	(.00187)	10	28.1	(.00398)	(2.1)
20	28.7	153	20	26.1	360	2.4
40	26.8	151	40	22.3	351	2.3
60	25.1	148	60	19.1	346	2.3
80	23.6	146	80	16.2	349	2.4
110	21.8	136	110	13.2	334	2.4
140	19.9	135	140	10.4	336	2.4
$17^1/_2$ Std.	4.6	—	$17^1/_2$ Std.	0.4	—	—
	Mittel: .00145			Mittel: .00346		2.38

Die ganz aus der Reihe fallenden, eingeklammerten ersten Konstanten rühren zweifellos davon her, daß die Fermentlösungen beim Mischen mit dem H_2O_2 versehentlich nicht vorgekühlt worden waren, sondern eine ca. 4 bis 5° höhere Temperatur besaßen als das Wasserbad, in dem die Gefäße mit H_2O_2 sich befanden. Sonst ist die Übereinstimmung der Konstanten untereinander recht befriedigend, wenn schon ein schwacher Gang zu kleineren Werten unverkennbar ist. Über die Ursache dieses Ganges siehe einen späteren Abschnitt dieser Untersuchung.

Es ergibt sich, daß unter den beschriebenen Versuchsbedingungen die Konzentration der Fermentlösung im Hellen bis unter die Hälfte der im Dunkeln gehaltenen sinkt. Auch ist dieser Unterschied, wie sich aus der Spalte $K_D : K_H$ obiger Tabelle ergibt, während der Dauer fast der ganzen Reaktion konstant. Nur in den allerletzten Reaktionsstadien, in welchen bei dem Reaktionsgemisch mit verdunkeltem Extrakt die Zersetzung praktisch zu Ende ist, wird das Verhältnis ein anderes, insofern, als sich hier die Geschwindigkeitskonstanten assymptotisch einander sowie einem Nullwerte nähern.

Versuch 8 (IV. 30. A). Ein „Normalextrakt"[1]) von lebenden, kühl und dunkel gehaltenen Porthesiaräupchen wurde teils verdunkelt, teils in diffusem Tageslicht (auf dem Experimentiertisch) aufgestellt, jedoch so, daß die Gefäße nicht von direkter Sonne getroffen wurden (März). Nach 3 Tagen wurden je 5 ccm Extrakt mit je 50 ccm H_2O_2 gemischt und je 10 ccm titriert. Temperatur ca. 16.5 bis 17.0°.

Tabelle 4.

Hell			Dunkel			
Zeit in Min.	Titer	. 4343 K_H	Zeit in Min.	Titer	. 4343 K_D	$K_D : K_H$
0	26.2 (ber.)	—	0	26.2 (ber.)	—	—
45	24.7	. 00056	30	22.4	. 00227	4 . 1
75	24.2	46	60	20.5	178	4 . 1
100	23.9	40	100	18.1	161	4 . 0

Auch in diffusem Lichte findet also eine beträchtliche Zerstörung des Ferments (auf ca. $^1/_4$ seiner ursprünglichen Wirksamkeit) statt. Gleichzeitig bemerkt man, daß die Konstanten während der Reaktion beträchtlich in beiden Versuchen ab-

---

[1]) Mit diesem Namen sollen Extrakte bezeichnet werden, welche pro 1 ccm Chloroformwasser 1 Räupchen enthielten.

fallen, und zwar bei beiden um ca. $29\,^0/_0$. (Über die Ursache hierfür siehe das bei der Diskussion des nächsten Versuchs Gesagte). Obgleich sich das Verhältnis der abnehmenden Werte $K_D : K_H$ konstant erhält, ist es unter Umständen von Wert, die „eigentlichen" Geschwindigkeitskonstanten, d. h. damit die Konzentration des Ferments zu Anfang der Reaktion kennen zu lernen. Hierzu läßt sich vortrefflich eine graphische Methode verwenden, welche ich bereits in meiner zitierten Arbeit über das Vorkommen von Oxydasen in Geschlechtszellenextrakten beschrieben und angewendet habe. Diese beruht kurz darauf, daß man die Konstantenwerte auf der einen, die Reaktionszeiten auf der andern Ordinate eines rechtwinkligen Koordinatensystems abträgt, die gewonnenen Punkte durch eine Kurve verbindet und die letztere bis zum Schnittpunkt mit der Konstantenachse verlängert, mit anderen Worten graphisch auf die Zeit 0 extrapoliert. Diese 0-Werte ergeben sich für diesen Versuch zu $K_H^O = .00083$ und $K_D^O = .00335$; ihr Verhältnis $K_D^O : K_H^O$ ist wiederum 4.1.

Versuch 9 (IV. 43). Aus lebenden, im Dunkeln und Kühlen gehaltenen Porthesiaräupchen wurde ein „Normalextrakt" (1 Räupchen pro 1 ccm Chloroformwasser) gemacht und in zwei Portionen geteilt, von denen eine in einem hellen Kölbchen, die andere in einem mehrere Male mit Stanniolpapier umwickelten gleichen Kölbchen, beide mit einigen Tropfen Chloroform aufbewahrt wurden. Beide Gefäße standen auf dem Experimentiertisch nebeneinander und wurden höchstens pro Tag eine Stunde von der schwachen Abendsonne getroffen (April); Nach einer Woche wurden je 5 ccm Extrakt mit 50 ccm H_2O_2 gemischt und je 10 ccm titriert. Temperatur 16.8^0.

Tabelle 5.

Hell			Dunkel		
Zeit in Min.	Titer	$.4343\,K_H$	Zeit in Min.	Titer	$.4343\,K_D$
0	27.4 (ber.)	—	0	27.4 (ber.)	—
20	25.7	.00139	20	15.7	.01209
40	24.9	104	30	12.6	1125
80	24.1	070	40	10.2	1073
			50	8.5	1016
			60	7.1	0977

Graphisch extrapoliert ergeben sich

$$K_H^O = .00190 \qquad K_D^O = .01425$$

$$K_H^O : K_D^O = 7.5$$

Neben dem beträchtlichen Unterschied zwischen den „Hell"-
und „Dunkel"-Konstanten fällt vor allen Dingen wieder auf,
daß die Werte der Konstanten während des Reaktionsverlaufes
stark abnehmen. Der Grund hierfür liegt nur zum Teil in der
relativ hohen Reaktionstemperatur (16.8), welche, wie z. B.
aus den Senterschen Arbeiten über die Blutkatalase bekannt
ist und von mir auch für tierische Katalasen gefunden wurde
(siehe den II. Teil dieser Untersuchungen), die Zerstörung des
Ferments während der Reaktion begünstigt. Ganz im allgemeinen habe ich vielmehr gefunden, daß eine Fermentlösung
um so leichter während der Reaktion zerstört (oxydiert) wird,
je älter und je schwächer sie geworden ist. Dies gilt nicht
nur für eine Schwächung der Fermentlösung durch Belichtung,
sondern auch für ihre langsame Abschwächung im Dunkeln
unter sterilen Bedingungen. Folgender Versuch zeigt dies Verhalten u. a.

Versuch 10 (IV. 40 u. 41). Ein verdünnter (ca. halb-„normaler")
Extrakt aus lebenden Porthesiaräupchen wurde in ein möglichst dicht
mit Stanniol umkleidetes Kölbchen gegeben und dieses überdies ins
Dunkle gestellt. Es wurden stets 5 ccm Extrakt mit 50 ccm H_2O_2 gemischt und je 10 ccm titriert.

I. Sofort nach der Herstellung des Extraktes; Temperatur 17.4°.

Tabelle 6.

Zeit in Min.	Titer	. 4343 K
0	27 . 5 (ber.)	—
15	22 . 8	. 00543
30	18 . 9	543
45	15 . 6	545
60	13 . 1	537
75	11 . 1	512

II. Nach ca. 24 Std. im Dunkeln bei ca. 16 bis 18°; Temperatur
der Reaktion 16.8°.

Tabelle 7.

Zeit in Min.	Titer	. 4343 K
0	27 . 3 (ber.)	—
15	22 . 9	. 00509
25	20 . 4	506
50	15 . 4	497
60	14 . 2	473
80	11 . 4 (?)	474 (?)

Aus diesen Versuchen geht hervor, daß einerseits der absolute Wert von K heruntergegangen ist, sowie andererseits, daß trotz der etwas niedrigeren Temperatur des 2. Versuchs die Abnahme der Konstanten eine deutlichere, regelmäßigere und, wenn man von der letzten, sicherlich fehlerhaften Beobachtung in der zweiten Tabelle absieht, auch prozentual größere ist. Vergleicht man z. B. die Abnahme nach 60 Minuten, so betragen dieselben beim ersten Versuch $0.92\,^0/_0$ vom Anfangswert, beim zweiten dagegen schon $7.07\,^0/_0$.

§ 10. Versuch 11. (N. 24). Ein frischer Dytiscus-Hämolymphe-Extrakt wurde in vier Reagensröhren verteilt, welche wiederum in weiten Röhren mittels durchlochter Korke befestigt wurden. Eine der großen Röhren wurde mit reinem Wasser gefüllt, in einer zweiten ebenfalls nur mit Wasser gefüllten wurde das Reagensgläschen mit der Fermentlösung mehrere Male dicht mit Stanniol umwickelt, eine dritte Röhre enthielt als Gelbfilter gesättigte Kaliumbichromatlösung, eine vierte ähnlich eine dunkle, aber noch durchsichtige Lösung von Methylviolett B als Violettfilter. Ich verwandte die letzteren Farbfilter insbesondere aus dem Grunde, weil Trautz und Thomas ihre oben angeführten interessanten Resultate über eine bald beschleunigende und bald verzögernde Lichtwirkung gerade mit diesen Farblösungen erhalten hatten. Alle vier Röhren wurden mit dicken Stanniolkappen verschlossen und unter ganz gleichen Bedingungen belichtet.

I. Nach $2^{1}/_{2}$stündiger Bestrahlung durch ziemlich starke direkte Sonne (November) wurden je 1 ccm Extrakt mit 10 ccm H_2O_2 gemischt und je 5 ccm titriert. Temperatur 15 bis 16^0.

Tabelle 8.

Zeit in Min.	Hell		Dunkel		Gelb		Violett	
	Titer	$.4343\,K_H$	Titer	$.4343\,K_D$	Titer	$.4343\,K_G$	Titer	$.4343\,K_V$
0	15.6 (ber.)	—	15.6 (ber.)	—	15.6 (ber.)	—	15.6 (ber.)	—
20	13.8	.00266	10.2	.00923	11.8	.00606	12.5	.00481
40	12.5	281	7.3	829	9.5	539	10.6	420
	Mittel:	.00274	Mittel:	.00876	Mittel:	.00573	Mittel:	.00451

Abgesehen bei den Versuchen mit „Hell“-Extrakt nehmen die Konstanten, zweifellos wegen der hohen Versuchstemperatur (siehe später) stark ab. Nimmt man das Mittel derselben, so verhalten sich die Geschwindigkeitskonstanten resp. Fermentkonzentrationen bezogen auf die Konstante des „Dunkel“-Extraktes gleich 1

$$K_H : K_D : K_G : K_V = 0.31 : 1 : 0.65 : 0.51.$$

II. Nachdem derselbe Extrakt noch weiteren 2 Stunden Sonne (im ganzen also $4^1/_2$ Stunden) sowie ca. 8 Stunden diffusem Tageslicht ausgesetzt gewesen war, wurden wiederum je 1 ccm Extrakt mit 10 ccm H_2O_2 gemischt und je 5 ccm titriert. Temperatur ca. 21^0.

Tabelle 9.

Zeit in Min.	Hell		Dunkel		Gelb		Violett	
	Titer	.4343 K_H	Titer	.4343 K_D	Titer	.4343 K_G	Titer	.4343 K_V
0	15.6(ber.)	—	15.6(ber.)	—	15.6(ber.)	—	15.6(ber.)	—
20	12.6	.00464	9.1	.01170	10.8	.00799	10.9	.00778
40	9.9	494	5.8	1074	7.8	753	8.0	725

Mittel: .00479 Mittel: .01122 Mittel: .00776 Mittel: .00752

Aus diesem Versuch ergibt sich
$$K_H : K_D : K_G : K_V = 0.43 : 1 : 0.69 : 0.67.$$

Dieser Versuch zeigt also, daß die Wellenlänge des Lichtes einen bedeutenden Einfluß auf die Zerstörung der Katalase hat, insofern als bei kürzerer Beleuchtung violettes Licht ähnlich stark wie weißes Licht wirkt, während die Strahlen kürzerer Wellenlänge viel weniger schädigen. Bei längerer Bestrahlung verwischen sich diese Unterschiede etwas, und namentlich nähern sich die Konstanten für gelbes und violettes Licht.

Der Einfluß des ultravioletten Lichtes war bei diesen Versuchen so gut wie vollständig ausgeschaltet, da das Licht durch drei bis vier Glaswände und zwei Flüssigkeitsschichten zu gehen hatte. Spezielle Versuche über die Wirkung auch des ultravioletten Lichtes habe ich aus Mangel an geeigneten Gefäßen nicht anstellen können.

Es sei schon hier bemerkt, daß der konstatierte Einfluß der Wellenlänge des Lichtes genau dem Verhalten sowohl phototropischer Tiere als auch Pflanzen in verschiedenfarbigem Lichte entspricht. Auch hier wirken bekanntlich allgemein violette Strahlen ähnlich wie weißes Licht, während gelbe bzw. rote Strahlen nur eine schwache phototropische Reaktion hervorrufen.

A. II. Versuche mit Extrakten aus getrockneten Tieren.

§ 11. Versuch 12. (N. 21). Ein Extrakt aus 9 Monate alten getrockneten Räupchen von Porthesia [chrysorrhoea wurde dadurch hergestellt, daß 0.17 g Räupchen mit 64 ccm Chloroformwasser zerrieben, das Gemisch ca. eine Stunde stehengelassen sowie filtriert wurde. In ein verdunkeltes und in ein helles Röhrchen wurden je 2 ccm Extrakt gegeben, die Röhrchen im Wasserbad in die Sonne (ziemlich schwach, November) gestellt, nach einer Stunde Bestrahlung je 10 ccm H_2O_2 dazu gemischt sowie die Röhrchen während der H_2O_2-Zersetzung in schwaches diffuses Tageslicht gebracht. Temperatur ca. 17.5^0.

Tabelle 10.

Hell			Dunkel			
Zeit in Min.	Titer	$.4343\,K_H$	Zeit in Min.	Titer	$.4343\,K_D$	$K_D : K_H$
0	34.2	—	0	34.2	—	—
60	2.9	.00119	60	2.4	.00256	2.2

Das Ferment war also auch in diesem Falle mehr als zur Hälfte zerstört worden.

Versuch 10. (N. 26). Ein auf ähnliche Weise hergestellter zweiter Extrakt aus getrockneten Porthesia-Räupchen wurde in einem verdunkelten und in einem hellen Röhrchen im Wasserbad vier Stunden von direkter Sonne (November) und fünf Stunden von diffusem Tageslicht bestrahlt. Hierauf wurden je 2 ccm Extrakt mit 10 ccm H_2O_2 gemischt und je 5 ccm titriert.

Tabelle 10a.

Hell			Dunkel			
Zeit in Min.	Titer	$.4343\,K_H$	Zeit in Min.	Titer	$.4343\,K_D$	$K_D : K_H$
0	14.3 (ber.)	—	0	14.3 (ber.)	—	—
25′	9.1	.00785	25′	8.5	.00904	1.2

Versuch 13. (N. 22). Es wurde ein Extrakt hergestellt durch Zerreiben von getrockneten großen Ameisen (Camponotus herculeanus) in Chloroformwasser. Die Ameisen, welche in der Mehrzahl geflügelt waren, wurden im Mai gefangen, während sie gerade aus den Spalten einer Holzdiele in großer Menge hervorkamen und lebhaft an das Fenster flogen. Bekanntlich hat schon J. Loeb gefunden, daß die geflügelten Individuen mancher Ameisen zur Zeit ihres Hochzeitsfluges intensiv positiv phototropisch sind; zweifellos befanden sich auch die hier verwandten Camponotusindividuen im Hochzeitsflug.

Dieser Extrakt wurde in einem verdunkelten und in einem erhellten Röhrchen im Wasserbad eine Stunde direkter Sonne (November) ausgesetzt, darauf je 2 ccm Extrakt mit 10 ccm H_2O_2 vermischt und 10 ccm titriert. Temperatur ca. 17.0^0.

Tabelle 11.

	Hell			Dunkel		
Zeit in Min.	Titer	$.4343\,K_H$	Zeit in Min.	Titer	$.4343\,K_D$	$K_D : K_H$
0	34.2	—	0	34.2	—	—
60	21.7	.00329	60	20.9	.00356	1.08

Wenn schon der Unterschied zwischen „Hell" und „Dunkel" nicht sehr beträchtlich ist, so ist er doch zweifellos größer als die möglichen Versuchsfehler.

Versuch 14 (N. 37). Ein Extrakt aus getrockneten Porthesia-Räupchen wurde in 4 Portionen geteilt, und, um den Einfluß der Wellenlänge des Lichtes zu untersuchen, in entsprechende Versuchsbehälter mit doppelten Flüssigkeitsbädern, einem Tropfen Chlorofom usw. (siehe Versuch 8) gebracht.

I. Nachdem die Extrakte ca. 30 Stunden alt waren, und unterdessen 2 Stunden in direkter schwacher Sonne und ca. 10 Stunden in sehr schwachem diffusem Tageslicht (dichter Nebel, November) gestanden hatten, wurden je 1 ccm Extrakt mit 10 ccm H_2O_2 gemischt, und je 5 ccm titriert. Reaktionstemperatur 11 bis 12^0.

Tabelle 12.

Zeit in Min.	Hell		Dunkel		Gelb		Violett	
	Titer	$.4343\,K_H$	Titer	$.4343\,K_D$	Titer	$.4343\,K_G$	Titer	$.4343\,K_V$
0	15.4 (ber.)	—	15.4 (ber.)	—	15.4 (ber.)	—	15.4 (ber.)	—
20	15.0	.00057	14.1	.00192	14.7	.00101	14.9	.00072
60	14.2	.00059	12.7	.00140	13.6	.00090	13.8	.00079
	Mittel:	.00058	Mittel:	.00166	Mittel:	.00096	Mittel:	.00076

Aus diesem Versuch ergibt sich

$$K_H : K_D : K_G : K_V = 0.35 : 1 : 0.54 : 0.45.$$

II. Dieselben Extrakte wurden in gleicher Versuchsanordnung noch weiterhin ununterbrochen 22 Stunden künstlicher Beleuchtung (Auerbrenner) ausgesetzt. 1 ccm Extrakt wurde mit 10 ccm H_2O_2 gemischt, 5 ccm titriert. Temperatur 16^0.

Tabelle 13.

Zeit in Min.	Hell		Dunkel		Gelb		Violett	
	Titer	$.4343\,K_H$	Titer	$.4343\,K_D$	Titer	$.4343\,K_G$	Titer	$.4343\,K_V$
0	15.4(ber.)	—	15.4(ber.)	—	15.4(ber.)	—	15.4(ber.)	—
60	13.9	.00074	11.3	.00223	11.7	.00199	13.3	.00106

Aus diesem Versuch ergibt sich

$$K_H : K_D : K_G : K_V = 0.33 . 1 . 0.89 : 0.47.$$

Es zeigt sich also, daß wiederum „hell" und „violett" sehr ähnlich gewirkt haben, während auf der anderen Seite „dunkel" und „gelb" einander entsprechen. Für diese Tatsache sind die Verhältniszahlen dieses Versuches besonders charakteristisch.

§ 12. **Zusammenfassung:** Es ergibt sich aus den Versuchen der Gruppe A, daß die Katalasen-Extrakte sowohl von Tieren, welche durch Chloroform kurz vor der Herstellung der Fermentlösungen getötet wurden, als auch von getrockneten und möglichst lichtdicht aufbewahrten Tieren gegen Belichtung empfindlich sind und durch dieselbe zerstört werden. Was den Einfluß der Wellenlänge des Lichtes anbetrifft, so nimmt die zerstörende Wirkung bei beiden Extraktarten ab in der Reihenfolge: weiß, violett, gelb, dunkel. Auch künstliches Licht (Auerbrenner) zerstört die Katalase. Ferner stellt sich heraus, daß im allgemeinen Extrakte aus frischen Tieren lichtempfindlicher sind, d. h. schneller zerstört werden als Extrakte aus getrocknetem Material. Auf der andern Seite sind durch Licht sowohl als auch durch Alter (im Dunkeln) geschwächte Katalasen-Extrakte empfindlicher gegen die zerstörende (oxydierende) Wirkung des H_2O_2 während der Reaktion. Die Geschwindigkeitskonstanten zeigen daher bei Versuchen mit durch Licht oder Alter geschwächten Fermentextrakten während der Reaktion einen stärkeren, abnehmenden Gang als die Konstanten von Versuchen mit frischen Extrakten. Die wiedergegebenen Versuche beziehen sich auf frische Extrakte von Porthesia-Räupchen, Dytiscus (Imagines, Hämolymphe usw.) und auf Extrakte von getrockneten Porthesia-Räupchen und geschlechtsreifen Ameisen (Camponotus).

B. Versuche über den Einfluß der Belichtung auf die H_2O_2-Zersetzung selbst.

§ 13. Versuche, welche zunächst den Zweck hatten, festzustellen, ob ein Einfluß der Belichtung während der Reaktion selbst vorhanden ist, ergaben zunächst das allgemeine Resultat, daß in der Tat auch bei dieser Versuchsanordnung eine beträchtliche Lichtwirkung nachweisbar ist. Folgende Beispiele demonstrieren dies Verhalten.

Versuch 15 (III. 5). Von einem sehr verdünnten, aber ursprünglich sehr katalasenreichen Extrakt aus lebenden Porthesia-Räupchen wurde je 1 ccm zu je 10 ccm H_2O_2 gegeben. Das eine der Versuchsröhrchen war dicht mit Stanniol umwickelt worden; beide befanden sich im Wasserbad. Temperatur ca. 17.5°. Die Röhrchen wurden 30 Minuten der Sonne (März) ausgesetzt.

Anfangstiter: 26.1

Hell: nach 30 Minuten . . 14.3	Dunkel: nach 30 Minuten . 11.9
Zers. H_2O_2 : 11.8 $= 45.4\,^0/_0$	Zers. H_2O_2 : 14.2 $= 50.8\,^0/_0$
$.4343\ K_H = .00871$	$.4343\ K_D = .01131$

$K_D : K_H = 1.3.$

Versuch 16. Ein sehr verdünnter Extrakt von lebenden Porthesia-Räupchen wurde mit ziemlich verdünnter $\left(\text{ca. } \dfrac{m}{400}\right)$ H_2O_2-Lösung gemischt, und zwar wurden in ein helles und in ein mit Stanniol dicht umwickeltes Kölbchen je 1 ccm Extrakt und 20 ccm H_2O_2 gegeben. Beide kamen im Wasserbad in die starke Sonne (März); Bestrahlungsdauer 1 Stunde; Temperatur ca. 19°.

Anfangstiter: 7.6

Hell: nach 60 Minuten . . . 3.9	Dunkel: nach 60 Minuten . . 2.7
Zers. H_2O_2 : 3.7 $= 48.7\,^0/_0$	Zers. H_2O_2 : 4.9 $= 64.5\,^0/_0$
$.4343\ K_H = .00483$	$.4343\ K_D = .00749$

$K_D : K_H = 1.55.$

Versuch 17 (III. 6 u. 7). Mit einem andern Extrakt aus lebenden Porthesia-Räupchen wurden folgende zwei Versuche gleichzeitig und unter gleichen Bedingungen, aber mit verschiedenen H_2O_2-Konzentrationen angestellt. Temperatur 16,5 bis 17,0°.

$$\left. \begin{array}{l} \text{I. 10 ccm ca. } \dfrac{H_2O_2}{50} + 1 \text{ ccm Extrakt} \\[2ex] \text{II. 10 ccm ca. } \dfrac{H_2O_2}{100} + 1 \text{ ccm Extrakt} \end{array} \right\} \begin{array}{l} \text{beide 30 Minuten in} \\ \text{direkte Sonne (März).} \end{array}$$

I. Anfangstiter: 30.1

Hell: nach 30 Minuten . . 20.0	Dunkel: nach 30 Minuten . 18.8
Zers. H_2O_2 : 10.1 $= 33.5\,^0/_0$	Zers. H_2O_2 : 11.3 $= 37.5\,^0/_0$
$.4343\ K_H = .00592$	$.4343\ K_D = .00681$

$K_D : K_H = 1.15.$

II. Anfangstiter: 15.1

Hell: nach 30 Minuten . . . 9.7   Dunkel: nach 30 Minuten . 8.1

Zers. H_2O_2 : 5.4 = 35.8 $\%$ Zers. H_2O_2 : 7.0 = 38.7 $\%$
.4343 K_H = .00641   .4343 K_D' = .00902

$$K_D : K_H = 1.41.$$

Versuch 18 (III. 11, 13, 14). Eine entsprechende Versuchsreihe wiederum mit einem andern frischen verdünnten Porthesia-Extrakte ergab folgende Resultate. Belichtung überall durch direktes schwaches Sonnenlicht (März). Temperatur ca. 18 °. Die Versuche wurden gleichzeitig angestellt. Immer 10 ccm H_2O_2 + 1 ccm Extrakt.

I. Anfangstiter: 20.7

Hell: nach 2 Stunden . . . 12.5   Dunkel: nach 2 Stunden . . 8.0

Zers. H_2O_2 : 8.5 = 41.1 $\%$ Zers. H_2O_2 : 12.7 = 61.4 $\%$
.4343 K_H = .00182   .4343 K_D = .00344

$$K_D : K_H = 1.89.$$

II. Anfangstiter: 13.5

Hell: nach 2 Stunden . . . 7.4   Dunkel: nach 2 Stunden . . 3.8

Zers. H_2O_2 : 6.1 = 45.2 $\%$ Zers. H_2O_2 : 9.7 = 71.8 $\%$
.4343 K_H = .00218   .4343 K_D = .00459

$$K_D : K_H = 2.11.$$

III. Anfangstiter: 12.0

Hell: nach 2 Stunden . . . 7.2   Dunkel: nach 2 Stunden . . 3.1

Zers. H_2O_2 : 4.8 = 40.0 $\%$ Zers. H_2O_2 ; 8.9 = 73.2 $\%$
.4343 K_H = .00185   .4343 K_D = .00489

$$K_D : K_H = 2.64.$$

Aus den Versuchen 17 und 18 geht hervor, daß die zerstörende Wirkung des Lichtes während der Reaktion zunimmt mit abnehmender Konzentration des H_2O_2. Dies geht daraus hervor, daß in beiden Versuchsreihen das Verhältnis $K_D : K_H$ deutlich zunimmt mit der H_2O_2-Verdünnung. In verdünnteren Peroxydlösungen wird also die Katalase durch Licht schneller zerstört. Weiterhin zeigen die Versuche, daß, wie schon Senter für die Hämase fand, die katalytische Reaktion nicht unabhängig von der Konzentration des Substrats, des H_2O_2 ist. Wäre dies der Fall, so müßten sich überall bei den „Dunkel“-Versuchen dieselben Geschwindigkeitskonstanten ergeben, während sie tatsächlich ganz beträchtlich mit abnehmender H_2O_2-Konzentration wachsen. Der Grund für dies Verhalten liegt, wie Senter schon betont hat, zweifellos in der zerstörenden Wirkung des H_2O_2 in den immerhin noch ganz beträchtlichen hier verwandten Konzentrationen sowie in der relativ hohen Versuchstemperatur. Wie wir im II. Teil dieser Untersuchungen sehen werden, ist die Fermentwirkung bei kleineren H_2O_2-Konzentrationen und niedrigerer Temperatur in erster Annäherung durchaus unabhäng von der Substratkonzentration.

Versuch 19 (N. 15). Von einem Extrakt, der durch Zerreiben von 0.17 g trocknen Porthesia-Räupchen, die eine Stunde gequollen hatten, in 64 ccm Chloroformwasser, Filtrieren usw. hergestellt worden war, wurden je 10 ccm mit je 50 ccm H_2O_2 in einem verdunkelten und in einem hellen Kölbchen gemischt. Beide Gefäße im Wasserbad in die Sonne (November). Temperatur ca. 16°. Es wurden je 10 ccm titriert.

Tabelle 14.

Hell			Dunkel			
Zeit in Min.	Titer	$.4343 K_H$	Zeit in Min.	Titer	$.4343 K_H$	$K_D : K_H$
0	14.9 (ber.)	—	0	14.9 (ber.)	—	—
32	13.5	.00134	30	13.1	.00186	1.4
47	12.7	147	45	12.6	162	1.1
65	12.1	139	65	11.9	150	1.08

Versuch 20 (N. 20). Von einem außerordentlich starken, frischen Extrakt aus der Hämolymphe von Hydrophilus wurden je 10 ccm mit 100 ccm H_2O_2 in einem verdunkelten und in einem hellen Kolben gemischt. Beide Gefäße kamen im Wasserbad in die Sonne (November). Temperatur ca. 16.5 bis 17.0°. Es wurden je 10 ccm titriert.

Tabelle 15.

Hell			Dunkel			
Zeit in Min.	Titer	$.4343 K_H$	Zeit in Min.	Titer	$.4343 K_D$	$K_D : K_H$
0	29.7 (ber.)	—	0	29.7 (ber.)	—	—
15	11.4	.0277		10.5	.0301	1.08
25	7.2	246		5.6	290	1.13
40	2.7	260		2.4	273	1.05

Versuch 21 (III. 26). Je 10 ccm eines verdünnten Extraktes aus lebenden Porthesia-Räupchen wurden mit je 10 ccm H_2O_2 in einem durch Stanniolumwicklung verdunkelten und in einem hellen Kölbchen gemischt. Beide Kölbchen wurden im Wasserbad direktem Sonnenlicht ausgesetzt (März). Temperatur 17.0 bis 17.5°. Je 10 ccm wurden titriert.

Tabelle 16.

Hell			Dunkel			
Zeit in Min.	Titer	$.4343\,K_H$	Zeit in Min.	Titer	$.4343\,K_D$	$K_D : K_H$
0	13.1 (ber.)	—	0	13.1 (ber.)	—	—
6	12.6	.00282	6	12.4	.00398	1.4
10	12.3	274	10	12.0	381	1.4
20	11.5	283	20	11.4	302	1.1
30	10.8	280	30	10.3	348	1.2
40	10.0	293	40	9.4	380	1.3
50	9.4	288	50	8.0	366	1.3
70	8.5	268	70	7.9	314	1.2
90	7.2	289	90	6.5	337	1.2

Untersucht man die Reaktionen unter dem direkten Einfluß des Sonnenlichts etwas näher, wie dies in Versuch 19, 20 und 21 getan ist, so fällt vor allen Dingen ein merkwürdiges Verhalten auf. Die Konstanten der „Hell"-Versuche nehmen im Verlauf der Reaktion durchaus nicht so stark (infolge Oxydation des Ferments) ab als die Konstanten der Dunkelversuche[1]).

Man sollte erwarten, daß infolge der allmählichen Zerstörung des Ferments durch Licht die Geschwindigkeitskonstanten schon aus diesem Grunde abnehmen würden, ähnlich wie die Konstanten bei längerer Versuchsdauer, höherer Temperatur, größerer H_2O_2- und kleinerer Katalasenkonzentration auch bei Dunkelversuchen wegen der allmählichen Zerstörung des Ferments kleiner werden. Nun ist aber neuerdings von Dreyer und Hanssen in einer schon oben zitierten Arbeit gefunden worden, daß die Zerstörung einiger anderer Fermente durch Licht gemäß der monomolekularen Geschwindigkeitsformel vor sich geht. Leider erschien diese Arbeit erst nach Abschluß des

---

[1]) Die mitgeteilten drei Versuche sind vollkommen unabhängig voneinander und überdies mit dreierlei Material zu verschiedenen Zeiten angestellt worden. Sie sind zur Illustration des im Texte angegebenen Verhaltens nur wegen der drei verschiedenen Extraktarten ausgewählt worden; sämtliche Doppel- usw. Versuche ergaben dasselbe Resultat. Ferner wurde die Berechnung des Resultates erst nach dem Anstellen sämtlicher hier geschilderter Versuche ausgeführt. — Diese Bemerkung erscheint mir in Anbetracht des schwachen, wenn schon unverkennbar bezeichneten Unterschiedes zweckdienlich.

experimentellen Teiles sowie nach Niederschrift der entsprechenden Kapitel dieser Untersuchungen, so daß ich eine Prüfung dieser Gesetzmäßigkeit auch für die Katalase auf den zweiten Teil dieser Arbeit verschieben mußte. Diese von Dreyer und Hanssen gefundene Gesetzmäßigkeit besagt nun unter anderem, daß während der Anfangsstadien der Reaktion die zerstörende Wirkung des Lichtes relativ sehr groß sein und im Verlaufe der Reaktion verhältnismäßig abnehmen wird. Fände die Zerstörung der Katalase durch Licht ebenfalls gemäß der ersten Reaktionsordnung statt, so sollte man erwarten, daß zu Anfang der Reaktion die Differenz zwischen den „Hell"- und „Dunkel"-Geschwindigkeitskonstanten am größten ist und während des Verlaufs der Reaktion allmählich kleiner wird. In der Tat entspricht nun auch das experimentelle Resultat dieser theoretischen Forderung, indem in allen drei Versuchen das Verhältnis $K_D : K_H$ im Verlaufe der Reaktion kleiner wird, ein Verhalten, das, wie aus den früher gegebenen Tabellen hervorgeht, durchaus im Gegensatz steht zu der regelmäßig beobachteten Konstanz dieses Verhältnisses bei Versuchen, in denen Lichtwirkung und H_2O_2-Zersetzung zeitlich getrennt untersucht wurden. Überdies erklärt die Annahme der monomolekularen Reaktionsformel auch für die Lichtzerstörung der Katalase den sonst merkwürdigen Umstand, daß schon nach so kurzer Zeit (5 Minuten usw.) die „Hell"-Konstante einen beträchtlich geringeren Wert als die „Dunkel"-Konstante zeigt.

Unerklärt bleibt jedoch noch der merkwürdige Umstand, daß die Werte der „Hell"-Konstanten einen viel schwächeren Gang im Laufe der Reaktion zeigen als die „Dunkel"-Konstanten. Eine theoretische Erklärungsmöglichkeit kann auf Grund meiner bisherigen Versuche leider noch nicht entschieden werden. Versucht man festzustellen, nach welcher Gesetzmäßigkeit die Zerstörung des Ferments durch H_2O_2 vor sich geht, so kämen insbesondere zwei Reaktionsformen in Frage: Einerseits könnte die Zerstörung relativ zunehmen, andererseits im Laufe der Reaktion relativ abnehmen. Bei Untersuchung nun sämtlicher hierzu geeigneter Versuche fand ich ein sehr unregelmäßiges Verhalten, indem beide Reaktionsformen oder aber auch ein ganz unregelmäßiges Springen der Konstantenwerte festzustellen war, ohne daß es mir bisher gelungen ist, eine strengere Zuordnung dieses Verhaltens zu Extraktarten, den Versuchsbedingungen usw. aufzufinden. Relativ häufig fanden sich zunehmende Zerstörungsgeschwindigkeiten bei Porthesia-Extrakten[1]), abnehmende dagegen bei den Extrakten aus den Geschlechtszellen von Amphibien (siehe meine zit. Arb.). Die wenigen Versuche von Senter über Hämase, welche sich in diesem Sinne verwenden lassen, zeigen ebenfalls eine im allgemeinen während des Reaktionsverlaufs abnehmende Zerstörungsgeschwindigkeit.[2])

Würde sich nun bei eingehenderen Untersuchungen herausstellen, daß zum wenigsten die hier untersuchten Extraktarten mit zunehmender Geschwindigkeit zerstört würden, so könnte man an ein gewisses Gleichgewicht denken, insofern als zu Anfang der Reaktion der zerstörende Lichteinfluß vorwiegend, der langsamere Oxydationsprozeß durch H_2O_2 dagegen in nur geringfügigem Maße, im späteren Verlaufe der Reaktion dagegen die H_2O_2-Zerstörung des Ferments vorwiegend, der Lichteinfluß dagegen in geringerem Grade die Geschwindigkeitskonstanten herabsetzen wird. Zu berücksichtigen ist hierbei noch die im vorigen Abschnitt festgestellte Tatsache, daß durch Licht geschwächte Extrakte empfindlicher gegen die zerstörende Wirkung des H_2O_2 sind, oder daß m. a. W. der zweiten den Wert der Konstanten verringernden Reaktion hier ein ganz besonders starker Einfluß zukommt. Übrigens geht aus den drei letzten Versuchen deutlich hervor, daß auch bei den „Hell"-Reaktionen die Konstanten in den späteren Reaktionsstadien allmählich abfallen. Durch die Summation der zwei das Ferment zerstörenden Reaktionen könnte sich also eine von Beginn der Reaktion an ungefähr gleich große Herabsetzung der Geschwindigkeitskonstanten der „Hell"-Reaktion ergeben bis zu den Reaktionsstadien, bei welchen die Licht-

---

[1]) Der in Tabelle 16 mitgeteilte Versuch ist gerade hierfür kein gutes Beispiel.

[2]) Auch in den entsprechenden Versuchen von Faitelowitz mit Milch, auf welche mich Herr Prof. Bredig freundlichst aufmerksam machte, nehmen die Konstanten in unregelmäßiger Weise bald mit zunehmender und bald mit abnehmender Geschwindigkeit ab. (Studie zur Kenntnis der Milchkatalyse des Wasserstoffsuperoxyds usw. Heidelberg. Dissertation 1904.

reaktion langsamer als die H_2O_2-Oxydation des Ferments geworden ist, ein Umstand, der sich in dem allmählichen Abfallen auch der „Hell"-Konstanten zeigt. — Die Zulässigkeit dieser Erklärung hängt indessen, wie bemerkt, davon ab, daß ein eingehenderes Studium mit Regelmäßigkeit eine zunehmende Geschwindigkeit der H_2O_2-Oxydation des Fermentes ergibt.

Für die verhältnismäßig großen unregelmäßigen Schwankungen der „Dunkel"-Konstanten ist zweifellos die Versuchsanordnung verantwortlich zu machen, indem es schwer ist, bei der Probeentnahme zwecks Titrierung zu vermeiden, daß durch die Öffnung des Gefäßes oder durch Bestrahlung des in die Pipette gesogenen Volums das Reaktionsgemisch nicht einer kurzen Belichtung ausgesetzt wird.

§ 14. Versuch 22 (III. 23). Je 1 ccm eines sehr verdünnten Extraktes aus lebenden Porthesia-Räupchen wurden in vier Gefäße gegeben, welche gemäß der oben beschriebenen Versuchsanordnung zum Studium des Einflusses der Wellenlänge hergerichtet worden waren, und darauf mit je 10 ccm H_2O_2 gemischt. Kräftige direkte Sonne (März). Temperatur des Wasserbades ca. 16.5°.

Tabelle 17.

Zeit in Min.	Hell Titer	$.4343K_H$	Dunkel Titer	$.4343K_D$	Gelb Titer	$.4343K_G$	Violett Titer	$.4343K_V$
0	26.1	—	26.1	—	26.1	—	26.1	—
135	23.0	.00041	20.6	.00079	20.6	.00079	21.8	.00057

$$K_H : K_D : K_G : K_V = 0.52 : 1 : 1 : 0.57$$

Versuch 23 (III. 25). Je 1 ccm eines starken Extraktes aus lebenden Porthesia-Räupchen wurden bei gleicher Versuchsanordnung mit je 10 ccm H_2O_2 gemischt. Direkte Sonne (März). Temperatur ca. 17°.

Tabelle 18.

Zeit in Min.	Hell Titer	$.4343K_H$	Dunkel Titer	$.4343K_D$	Gelb Titer	$.4343K_G$	Violett Titer	$.4343K_V$
0	26.1	—	26.1	—	26.1	—	26.1	—
120	12.2	.00273	7.8	.00437	8.3	.00414	11.3	.00303

$$K_H : K_D : K_G : K_V = 0.63 : 1 : 0.95 : 0.69$$

Versuch 24 (III. 50). Je 5 ccm eines verdünnten Extraktes aus getrockneten Porthesia-Räupchen wurden bei gleicher Versuchsanorduung mit je 20 ccm H_2O_2 gemischt. Direkte kräftige Sonne (März). Temperatur 16.5 bis ca. 17.5°.

Tabelle 19.

Zeit in Min.	Hell		Dunkel		Gelb		Violett	
	Titer	$.4343 K_H$	Titer	$.4343 K_D$	Titer	$.4343 K_G$	Titer	$.4343 K_V$
0	13.8(ber.)	—	13.8(ber.)	—	13.8(ber.)	—	13.8(ber.)	—
20[1])	12.7	.0017	12.1	.0029	12.2	.0027	12.3	.0025
40	11.9	16	10.8	27	10.7	28	10.9	26
60[1])	11.0	16	9.0	31	9.2	29	9.3	29
80	10.3	16	7.8	31	7.9	30	8.2	28

Mittel: .00163   Mittel: .00300   Mittel: .00285   Mittel: .00270

$$K_H : K_D : K_G : K_V = 0.54 : 1 : 0.95 : 0.90$$

Die Versuche über den Einfluß der Wellenlänge des Lichts (Versuch 22, 23 und 24) auf die H_2O_2-Zersetzung selbst ergeben also, wie zu erwarten war, dasselbe Resultat wie die im vorigen Abschnitt mitgeteilten, entsprechenden Versuche; die Reihenfolge der Lichtwirkung ist wieder: Hell > Violett > Gelb > Dunkel. Bei einem eingehenderen Versuche (Tab. 19) fällt wiederum die große Konstanz der „Hell"-Konstanten im Gegensatz zu den Konstanten aller übrigen Versuche auf. Bei dem „Hell"-Versuch deuten die Konstanten außerdem einen schwachen sinkenden Gang an, während die Konstanten der übrigen Versuche deutlich steigen. Der Grund für dies abnorme Verhalten liegt zweifellos zum größten Teile an den Versuchsbedingungen, indem sich bei der intensiven Wärmestrahlung der Sonne gerade bei diesem Versuch eine allmähliche Temperatursteigerung von ca. 1.5° nicht vermeiden ließ.

§ 15. Zusammenfassung: Die Versuche der Gruppe B zeigen, daß auch während der H_2O_2-Zersetzung selbst die Belichtung einen deutlichen hemmenden Einfluß auf die Geschwindigkeit der Reaktion hat. Im einzelnen ergibt sich erstens, daß diese Lichtwirkung zunimmt bei Verdünnung

---

[1]) Für den „Hell"-Versuch wurde die erste Titration nicht nach 20, sondern nach 21 Minuten, die dritte nicht nach 60, sondern nach 61 Minuten unternommen.

des Substrates (H_2O_2). Zweitens zeigt es sich, daß auch die belichtete Reaktion der monomolekularen Reaktionsordnung folgt, ja, es wird sogar gefunden, daß bei der „Licht"-Reaktion die Konstanten viel weniger abnehmen, als bei der normalen oder „Dunkel"-Reaktion. Über die Ursache dieser Erscheinung werden theoretische Erwägungen angestellt. Der Einfluß der Wellenlänge ist derselbe wie bei den Versuchen der Gruppe A: Die hemmende Wirkung des Lichts nimmt ab in der Reihenfolge: Hell $>$ Violett $>$ Gelb $>$ Dunkel. — Die Versuche wurden angestellt mit Extrakten aus lebenden Dytiscus, Hydrophilus, Porthesia-Räupchen und mit Extrakten aus getrockneten Porthesia-Räupchen.

Es ist vielleicht zweckmäßig, schon hier darauf hinzuweisen, daß die Versuche der Gruppe B insofern für die biologischen Verhältnisse von Interesse sind, als ja auch entsprechende hypothetische Katalasewirkungen selbst im lebenden Organismus häufiger Lichteinflüssen ausgesetzt sein werden als untätige Katalaselösungen, wie sie bei den Versuchen der Gruppe A studiert wurden. Bei Veränderungen des Katalasengehaltes durch Belichtung lebender Tiere werden aller Voraussicht nach etwaige Unterschiede den Wirkungen der Bestrahlung auf die katalytischen Peroxydzersetzungen selbst resp. erst den Resultaten dieser Beeinflussung zuzuschreiben sein.

C. Versuche über den Einfluß der Belichtung auf den Katalasengehalt lebender Tiere.

§ 16. In diesem Abschnitt soll eine Anzahl von Versuchen beschrieben werden, welche vielleicht das nächste biologische Interesse besitzen. Es handelt sich dabei um die Frage, ob auch im lebenden Organismus photochemische Vorgänge stattfinden, welche zu einer Veränderung des Katalasengehaltes in den Geweben des lebenden Organismus selbst führen. Es könnte ja sein, daß die in den vorigen zwei Abschnitten beschriebenen Lichtwirkungen nur auf das Verhalten der Fermentextrakte beschränkt sind und darum für eine Theorie des Phototropismus nicht oder nur in entfernteren Beziehungen in Frage kämen.

Die allgemeine Methode, welche ich, um zur Lösung dieser Frage beizutragen, einschlug, war die, daß ich eine größere

Anzahl möglichst gleichartiger, unter gleichen Umständen usw. gehaltener „Normal"-Tiere verschiedenen Belichtungsbedingungen aussetzte, sowie nach einiger Zeit „Normal"-Extrakte, d. h. Extrakte mit konstantem Verhältnis von Tiersubstanz zu Chloroformwasser herstellte und diese auf ihren Katalasengehalt untersuchte. Um dies Verfahren berechtigt anwenden zu können, mußte das Material erstens sehr gleichartig sein, zweitens sich leicht dosieren lassen und drittens bei der Herstellung von Extrakten, falls das Material unter gleichen Bedingungen gehalten war, konstante Fermentkonzentrationen resp. Geschwindigkeitskonstanten ergeben. Allen diesen Anforderungen genügen nun in ganz ausgezeichneter Weise die jungen in Nestern überwinternden Räupchen von Porthesia chrystorrhoea. So befinden sich in einem Neste, d. h. in der Regel in einem Gelege meist mehrere Hundert Räupchen, welche untereinander wohl so gleichartig beschaffen sind, wie dies bei physiologischem Material möglich ist. Eine Dosierung läßt sich leicht dadurch vornehmen, daß man aus demselben Neste die gleiche Zahl von Räupchen in die verschiedenen Versuchsgefäße bringt resp. nach den Belichtungsversuchen mit einem konstanten Volum Chloroformwasser verreibt. In der Regel wurden „Normal"-Extrakte, d. h. ein Räupchen auf 1 ccm Chloroformwasser, angefertigt. — Die im folgenden beschriebenen Versuche sind alle mit Porthesia-Räupchen angestellt worden, da ich ein besseres Material nicht finden konnte. Neben den genannten Vorzügen sei noch angeführt, erstens der Umstand, daß die überwinternden, kühl und dunkel aufbewahrten Räupchen ganz außerordentlich reich an Katalase sind, sowie zweitens die Tatsache, daß die durch Zerreiben der Dunkel-Räupchen hergestellten filtrierten Lösungen kaum eine Guajacperoxydasenreaktion geben, also natürliche relativ reine Katalasenlösungen darstellen. Auf den zweiten Umstand wird weiter unten eingegangen werden. Endlich sei auch noch erwähnt, daß die „Normal"-Extrakte gut filtriert sehr arm an organischen Stoffen sind, so daß der geringe additive Titrationsfehler in der Regel nicht mehr als 0.1 bis 0.2 ccm betrug.

Schon ein erster orientierender Versuch zeigte zwischen dem Katalasengehalt der im Dunkeln und der im Hellen gehaltenen Räupchen einen sehr beträchtlichen Unterschied.

Versuch 25 (III. 29). Es wurden mehrere Porthesia-Nester von demselben Baum (Birne, Ende Februar) abgebrochen, in eine große Blechschachtel gelegt und dieselbe im dunkeln und kühlen Keller (ca. 6 bis 8°) aufbewahrt. Eins dieser Nester wurde im März auf eine Glasplatte gelegt, ein Glastrichter darüber gestellt, durch das Rohr derselben ein Holzstäbchen gesteckt, welches das Nest berührte, im Trichterrohr dagegen lose anlag und dasselbe überragte, ein Reagensröhrchen über das Holzstäbchen und das Trichterrohr gehängt und schließlich das Ganze an der Südseite eines Zimmers in die Sonne gestellt. Das beschriebene Verfahren eignet sich vortrefflich zur Erzielung einer „Reinkultur" der Räupchen, die, einmal aus dem Neste gekrochen, infolge ihres energischen negativen Geotropismus sich an der Kuppe des Reagensröhrchen nach und nach zu einem dicken Klumpen ansammeln. Charakteristisch ist, daß zunächst bei geringerer Zahl der Räupchen die Kuppe des Rohres sehr gleichmäßig, an der Fensterseite beginnend, bedecken, indem zunächst jedes Räupchen seine Ventralseite dem Lichte zukehrt. Es erinnert dies Verhalten lebhaft an das der Fliegenmaden gegenüber dem Licht, wie es von Loeb in seiner bekannten ersten Abhandlung beschrieben hat. Kommen mehr Räupchen nach oben, so rücken dieselben immer dichter zusammen und bedecken in einschichtiger Lage auch die andern Seiten der Kuppe. Späterhin, bei einer noch größeren Zahl der Räupchen, scheint der negative Geotropismus den positiven Phototropismus zu überwinden, indem nämlich die Räupchen übereinander kriechen und ganz oben im Röhrchen einen dichten Klumpen bilden, der sich bei einigem Schütteln glatt ablöst.[1]

Nach ca. $2^1/_2$ Tagen mit täglich fast 8 Stunden Sonne waren die meisten Räupchen oben im Reagensglas. Es wurden nun 20 dieser ausgekrochenen Räupchen mit 20 ccm Chloroformwasser zerrieben und zwei Stunden vor dem Filtrieren im Dunkeln stehengelassen. Ferner wurde eins der im Dunkeln und Kühlen gehaltenen Nester geöffnet und auch aus diesem 20 Räupchen entnommen, mit 20 ccm Chloroformwasser zerrieben und ebenfalls zwei Stunden stehengelassen. Bemerkenswerterweise zeigten bereits die unfiltrierten wie die filtrierten Extrakte äußerlich einen Unterschied, insofern als der „Hell"-Extrakt eine deutlich gelbere Färbung besaß als der „Dunkel"-Extrakt, welch letzterer einen violetten Ton besaß.[2] Es sei anschließend bemerkt, daß die in den

---

[1] Bei der Manipulation mit Porthesia-Räupchen ist einige Vorsicht geboten, da die sehr leicht abbrechenden, federartig gestalteten Härchen derselben empfindliches Jucken und ganz intensive Entzündungen auf der Haut verursachen. Ein Waschen der Hände mit verdünntem Peroxyd resp. ein Bestreichen der entzündeten Stellen mit konzentrierterem H_2O_2 scheint die Härchen am schnellsten zu zerstören.

[2] Dieser Farbenunterschied war noch sehr deutlich zu bemerken, nachdem die beiden Extrakte zwei Tage lang in diffusem Lichte gestanden hatten.

vorigen Abschnitten untersuchten Extrakte von getrockneten Räupchen eine deutlich gelbe bis bräunliche Färbung (in konzentrierter Lösung) aufwiesen. — Es wurden nun je 10 ccm Extrakt mit je 100 ccm H_2O_2 gemischt und je 10 ccm titriert. Die Temperatur stieg während des Versuchs von 16.2 bis 17.0°.

Tabelle 20.

Zeit in Min.	Hell		Dunkel	
	Titer	$.4343\,K_H$	Titer	$.4343\,K_H$
0	25.0 (ber.)	—	25.0 (ber.)	—
10	21.7	.0062	21.1	.0074
20	19.2	57	17.8	74
30	16.3	61	14.6	78
40	14.2	61	12.1	79
50	12.4	59	10.0	80
60	10.5	63	8.0	82
70	9.1	63	6.8	81
80	7.9	63	5.6	83
90	6.9	62	4.8	80
100	6.0	61	4.0	80

Mittel: .0061   Mittel: .0079
$K_D : K_H = 1.3$.

Es ergibt sich also, daß die jungen Räupchen kurz nach dem Ausschlüpfen 'aus ihren Nestern in der Sonne merklich (ca. $23\,^0/_0$) an Katalase verlieren.

Auffällig ist wieder, daß bei den gleichzeitig und unter vollständig gleichen Bedingungen angestellten Versuchen die Konstanten des „Dunkel"-Versuches stärker während der Temperaturerhöhung von ca. 0.8°, welche während der Reaktion stattfand, steigen als die „Hell"-Konstanten.

Versuch 26 (III. 31). Zwei Tage später wurde derselbe Versuch wiederholt. Die ausgekrochenen Räupchen waren also 4 bis 5 Tage dem Licht (nicht immer der Sonne!) ausgesetzt gewesen. Versuchsbedingungen genau wie in Versuch 27. Es wurden je 150 ccm H_2O_2 mit 15 ccm Extrakt gemischt und immer 10 ccm titriert. Temperatur des Wasserbades schwankt nur wenig um 17.5°.

4

Tabelle 21.

Zeit in Min.	Hell		Dunkel	
	Titer	$.4343\,K_H$	Titer	$.4343\,K_H$
0	26.8 (ber.)	—	26.8 (ber.)	—
10	23.9	.00497	21.6	.00937
20	21.3	499	17.6	913
30	18.9	506	14.1	929
40	16.8	507	11.2	947
50	15.3	487	9.2	929
60	13.6	491	7.6	912
70	12.2	488	6.2	908
80	11.0	483	5.2	890
90	9.8	485	4.2	894
100	8.9	479	3.5	884
110	8.1	472	3.0	864
120	7.5	461	2.3	889
130	6.8	458	2.2	835
140	6.3	449	1.9	821

Mittel der „Hell“-Konstanten bis zu $^2/_3$ der Reaktion:
.00492.

Mittel der „Dunkel“-Konstanten bis zu $^2/_3$ der Reaktion:
.00931.

$K_D : K_H = 1.93.$

Der Versuch zeigt, daß nach weiteren zwei Tagen der Unterschied ganz beträchtlich zugenommen hat, so daß das Verhältnis der Fermentkonzentrationen in den „Hell“- und in den „Dunkel“-Räupchen fast wie 1:2 ist, resp. der anfängliche Gehalt durch die Belichtung um ca. $47^0/_0$ abgenommen hat. Die Konstanten sind in diesen zwei Versuchen wegen der größeren Konstanz der Versuchstemperatur sehr gut miteinander übereinstimmend; während des letzten Drittels der Reaktion zeigen beide Versuche das für längere Reaktionsdauer resp. die letzte Reaktionsstufe sowie für höhere Versuchstemperatur charakteristische Abfallen der Konstanten.[1] — Die

---

[1] Es sei hier noch ausdrücklich bemerkt, daß außer den hier geschilderten Versuchen noch eine ganze Anzahl gleichartiger angestellt wurden; immer wurde der bezeichnete Unterschied gefunden, wenn schon der Wert desselben schwankte.

„Dunkel‟-Konstante ist in diesem Versuch etwas größer als in dem vorigen. Hierfür ist einerseits die etwas höhere Versuchstemperatur von Versuch 26, andererseits aber ein bemerkenswerter Umstand verantwortlich zu machen, über den weiter unten Näheres mitgeteilt werden wird.

§ 17. Es könnte nun trotzdem eingewendet werden, daß die bisher geschilderten zwei Versuche nicht ganz überzeugend sind, darum, weil Räupchen aus zwei verschiedenen Nestern in diesen Versuchen miteinander verglichen wurden. Diesem Einwand begegnet der folgende Versuch.

Versuch 27 (III. 33). Dasselbe Nest, aus welchem in Versuch 26 die „Dunkel‟-Räupchen entnommen waren, wurde aus dem Dunkeln und Kühlen ins Licht und in eine Temperatur, die zwischen ca. 12⁰ und 16⁰ schwankte, gebracht. Das Nest stand eine Woche in diffusem Tageslicht und hatte nur zwei Tage schwache Sonne (April); die Räupchen begannen erst am dritten Tage auszukriechen. Versuchsanordnung genau wie in Versuch 25 und 26; 10 ccm Extrakt wurden mit 100 ccm H_2O_2 gemischt. Temperatur 16.5 bis 17.5⁰.

Tabelle 22.

Zeit in Min.	Titer	. 4343 K
0	26.5 (ber.)	—
9	23.2	. 0064
19	20.0	64
28	17.1	68
40	14.1	69
50	11.9	70
60	10.1	70

Wegen der geringen Temperaturerhöhung während des Versuchs steigen die Zahlen ein wenig. Nimmt man die höchste Konstante (.0070), welche bei einer dem Versuch 26 entsprechenden Temperatur erhalten wurde, zum Vergleich, so ergibt sich ein Sinken des Katalasengehaltes während einwöchiger diffuser Beleuchtung von .0093 auf .0070, d. h. eine Abnahme von ca. 25⁰/₀. Man kann erstaunt sein, daß bei einer derartig langen Belichtung nur ein so geringer Unterschied beobachtet wurde, namentlich wenn man die vorangehenden Versuche in Betracht zieht. Indessen ist einmal zu

4*

berücksichtigen, daß die Belichtung fast nur eine diffuse, relativ schwache war, sowie andererseits insbesondere daran zu denken, daß jedenfalls bei längerer Versuchsdauer und schwächerer Belichtung die Räupchen imstande sein werden, einen Teil der verloren gegangenen Katalase wieder neu zu bilden oder zu regenerieren. Obgleich eine derartige Fähigkeit von mir nur in einem Falle festgestellt worden ist (siehe später), hat die Annahme ihres Vorhandenseins nichts Unwahrscheinliches, namentlich wenn man auf Grund der fermentativen Theorie der physiologischen Verbrennung, die wenn auch nur vorübergehende Existenz von peroxydähnlichen Stoffen auch intra vitam annimmt. (Siehe übrigens später die Versuche über den Einfluß der Wellenlänge des Lichts.)

3. Schließlich könnte man noch daran denken, daß der Temperaturunterschied bei diesen Versuchen eine ausschlaggebende Rolle spielt, und daß diese die rasche Zerstörung der Katalase hervorruft. Es ist hierzu zu bemerken, daß unter den biologischen Verhältnissen, zu deren Analyse die vorliegenden Untersuchungen ja beitragen wollen, die Wirkung erhöhter Temperatur ebenfalls stets mit der Belichtung parallel geht. Daß auch die Temperatur eine hervorragende Rolle bei den phototropen Reaktionen des Porthesia-Räupchen spielt, geht ohne weiteres daraus hervor, daß die Räupchen im Winter trotz direkter Sonnenbestrahlung nicht aus ihren Nestern ausschlüpfen, dies jedoch tun, sobald sie Belichtung und erhöhter Temperatur ausgesetzt werden. Allerdings wirkt, wie schon oben bemerkt wurde, Temperaturerhöhung allein nur in geringem Maße. — Um jedoch auch dieser Möglichkeit Rechnung zu tragen, wurden Versuche mit der folgenden Anordnung angestellt.

Versuch 28 (III 39). Aus einem „Dunkel“-Neste wurden die Räupchen herausgenommen und zum Teil in ein helles, zum Teil in ein durch mehrfache Stanniolumwicklung verdunkeltes Röhrchen gegeben. Beide Röhrchen wurden mit einem Wattepfropf verschlossen, und in ein weites zweites Rohr, das mit Wasser gefüllt war, durch einen gelochten Korkstopfen hineingesteckt. Beide Röhren wurden unter ganz gleichen Bedingungen 2 Tage in die mittelstarke Sonne (April) gestellt. Es wurden „Normal“-Extrakte hergestellt und je 5 ccm Extrakt mit je 50 ccm H_2O_2 gemischt; je 10 ccm titriert. Temperatur 16.5°.

Tabelle 23.

Hell			Dunkel		
Zeit in Min.	Liter	$.4343\,K_H$	Titer	$.4343\,K_D$	$K_D : K_H$
0	26.5 (ber.)	—	26.5 (ber.)	—	—
10	23.2	.00578	22.7	.00672	1.16
25	19.4	542	18.4	634	1.15
41; 40	15.6	561	14.7	640	1.14
55	12.9	567	11.7	646	1.14
70	10.5	574	9.4	657	1.14

Mittel: .00564 Mittel: .00650
$K_D : K_H = 1.146$

Versuch 29 (III. 40). Dieselben Räupchen wurden nach weiteren 28 Stunden, von welchen ca. 6 starke Sonne waren, bei ganz gleicher Versuchsanordnung untersucht. Je 50 ccm H_2O_2 + 5 ccm Extrakt; je 10 ccm titriert. Temperatur 17.2 bis 17.5°.

Tabelle 24.

Hell			Dunkel		
Zeit in Min.	Titer	$.4343\,K_H$	Titer	$.4343\,K_D$	$K_D : K_H$
0	26.5 (ber.)	—	26.5 (ber.)	—	—
10	23.2	.00423	21.3	.00632	1.49
30	19.8	423	17.3	617	1.46
45	17.0	428	13.9	623	1.45
60	14.5	436	10.9	643	1.47
75	12.5	435	8.7	645	1.48

Mittel: .00429 Mittel: .00632
$K_D : K_H = 1.47$

Aus Versuch 28 und 29 geht mit aller Deutlichkeit hervor, daß die erhöhte Temperatur nicht die Ursache für die Zerstörung der Katalase innerhalb des lebenden Tierkörpers ist, vielmehr die Belichtung. Weiterhin zeigen die Versuche, daß das Verhältnis $K_D : K_H$ innerhalb 28 Stunden (bei zirka 6 Stunden direkter Sonne) von **1.15** bis auf **1.47** steigen kann. Interessant ist es auch festzustellen, daß zwar auch die „Dunkel"-Räupchen einen kleinen Verlust an Katalase, erlitten, daß aber dieser Verlust, wie aus den Zahlen .00650 und .00632 hervorgeht, im Vergleich zu den sonst beobachteten Unterschieden sehr klein (2.8°/$_0$) ist.

§ 18. Dieser bemerkenswerte Umstand, daß der Katalasengehalt des lebenden Räupchen im Dunkeln (aber bei erhöhter Temperatur) auch nach längerer Versuchsdauer nur eine sehr schwache Abnahme resp., wie aus Versuch 25 und 26 hervorgeht, beim Aufbewahren der Räupchen bei 8 bis 10^0 sogar eine kleine Zunahme erfährt, führte zu folgender Überlegung. Es erschien nicht ausgeschlossen, daß im Dunkeln bei höherer Temperatur, bei kürzeren Versuchszeiten gar keine Abnahme, sondern im Gegenteil durch die gesteigerte physiologische Tätigkeit eine Zunahme des Katalasengehaltes stattfindet. Besondere Versuche zur Feststellung dieses Verhaltens bestätigten nun durchaus diesen Schluß.

Zunächst stellte es sich heraus, daß bereits bei einer Temperatur von 8 bis 10^0 im Dunkeln eine allmähliche Steigerung des Katalasengehalts stattfindet.

Versuch 30 (III, 41 und 44). Aus einem im Keller aufbewahrten Dunkelnest wurden einige Räupchen entnommen, welche aber (Ende April) bereits aus dem Neste hervorgekrochen waren und auf ihm saßen, ein „Normal"-Extrakt hergestellt und untersucht. Das Nest wurde unter den gleichen Bedingungen belassen, ca. 30 Stunden wieder einige Räupchen entnommen, ein „Normal"-Extrakt hergestellt und wiederum untersucht. Je 5 ccm Extrakt wurden mit je 50 ccm H_2O_2 gemischt; je 10 ccm wurden titiert.

Tabelle 25.

| I | | | II | | |
| Temp. 17.4^0 | | | Temp. 16.8^0 (nach 30 Std.) | | |
Zeit in Min.	Titer	$.4343\,K_I$	Zeit in Min.	Titer	$.4343\,K_{II}$
0	27.5 (ber.)	—	0	27.4 (ber.)	—
15	22.8	.00543	14	22.9	,00552
30	18.9	543	30	18.8	545
45	15.6	547	45	15.1	575
60	13.1	537	60	12.4	574
75	11.1	525	75	10.5	555
	Mittel: .00539			Mittel: .00560	

Wenn schon der beobachtete Unterschied nicht groß ist, so ist er doch zweifellos größer als die möglichen Fehler, einerseits wegen der Regelmäßigkeit der Konstanten, andrerseits wegen der etwas niedrigeren Versuchstemperatur von Versuch II, welche den Wert der K_{II} außerdem etwas verringert.

Am besten wird dies langsame Ansteigen des Katalasengehaltes der Räupchen bei 8—10⁰ jedoch veranschaulicht durch eine chronologische Zusammenstellung der Konstanten von „Normal‘‘-Extrakten, welche zu den verschiedensten Versuchszwecken während der Monate März—April gemessen wurden.

Tabelle 26.

Temperatur während der Reaktion	H_2O_2·Konzentration des Reaktionsgemisches in ccm $KMnO_4$	K_D
16.2—17.0⁰	25.0	.0079
17.5	26.8	.0093
17.5	27.1	.0102
17.4	27.5	.0054⎫
16.8	27.4	.0056⎬
17.0	27.4	.0068

Die ersten drei Messungen wurden in den ersten 14 Tagen nach der Einbringung der Nester angestellt; sie zeigen ein stetiges Wachsen der Konstante. Die letzten drei Messungen fanden nach einer ca. 10tägigen Pause statt, die sind beträchtlich kleiner geworden. Dies letztere Verhalten ist nun bei längerer Gefangenschaft das allgemeine, insofern als der Katalasengehalt gleichsinnig mit den physiologischen Funktionen der Räupchen abzunehmen scheint; nach ca. 4 Wochen unter den genannten Bedingungen· beginnen die Räupchen (jedenfalls aus Nahrungsmangel) einzugehen. Man findet dann Konstanten, die nur wenig den Wert .0030 überschreiten.

§ 19. Bei Versuchen mit höherer Temperatur ergibt sich entsprechend dem oben Gesagten eine anfängliche Zunahme des Katalasengehaltes in den ersten Tagen, eine deutliche Abnahme bei längerer Versuchsdauer.

Versuch 31 (III. 46, 47 b, 48 b, 51 b). Eine größere Anzahl „Dunkel‘‘-Räupchen wurde zwecks Untersuchung des Einflusses der Wellenlänge des Lichts in entsprechende Versuchsgläser (siehe die obenstehende Beschreibung), darunter auch in ein dicht mit Stanniol umwickeltes Rohr gebracht und belichtet. Die Temperatur schwankte während dieser Belichtung zwischen ca. 15 bis 19⁰. Es wurden nun „Normal‘‘-Extrakte hergestellt und bei gleicher Versuchsanordnung bestimmt:

I. von den noch nicht höherer Temperatur ausgesetzten „Dunkel‘‘-Räupchen;

II. nach 12stündigem Stehen bei höherer Temperatur;

III. nach im ganzen 36stündigem Stehen bei höherer Temperatur;

IV. nach insgesamt 96stündigem Stehen bei höherer Temperatur.

Tabelle 27.

I			II		
Temp. 17.0°			Temp. 16.8 bis 17.0° nach 12 Std.		
Zeit in Min.	Titer	$.4343\,K_I$	Zeit in Min.	Titer	$.4343\,K_{II}$
0	27.4 (ber.)	—	0	27.4 (ber.)	—
14	22.1	.0067	15	21.1	.0076
30	17.5	65	35	15.2	73
45	13.6	68	55	10.6	77
60	10.5	69	75	7.3	77
75	8.2	70			
	Mittel:	.0068		Mittel:	.0076

III			IV		
Temp. 16.8 bis 17.2° nach 36 Std.			Temp. 16.0 bis 16.8° nach 96 Std.		
Zeit in Min.	Titer	$.4343\,K_{III}$	Zeit in Min.	Titer	$.4343\,K_{IV}$
0	27.4 (ber.)	—	0	27.2 (ber.)	—
20	21.7	.0051	20	22.4	.0042
40	17.0	52	40	18.2	44
60	13.0	54	60	14.4	46
80	10.1	54	81	11.7	45
100	8.0	54	100	9.4	46
	Mittel:	.0053		Mittel:	.0045

Der Versuch zeigt, daß nach 12 Stunden eine deutliche Vermehrung, nach 36 Stunden dagegen schon eine entsprechende Verminderung des Katalasengehaltes eingetreten ist, welche nach 96 Stunden zu einem noch niedrigeren Gehalte führt. Bei erhöhter Temperatur (15 bis 19°) erfährt mit andern Worten der Katalasengehalt der lebenden Räupchen im Dunkeln genau dieselben Veränderungen wie bei niedrigerer Temperatur (8 bis 10°); nur findet der An- und Abstieg bei höherer Temperatur bedeutend früher statt als bei niederer. Diese Tatsachen stehen vollkommen im Einklang mit der Annahme, daß durch die physiologische Tätigkeit der Räupchen sowohl der Katalasengehalt erhöht werden kann, als auch damit, daß dieser Prozeß durch Temperaturerhöhung beschleunigt wird. Gleichzeitig aber erfährt bei höherer Temperatur auch ein die Katalase zerstörender Prozeß eine Beschleunigung, so daß hier auch die schließliche Abnahme des Katalasengehaltes früher erfolgt als bei niederer Temperatur.

§ 20. Beim Studium des Einflusses der Wellenlänge des Lichts auf den Katalasengehalt der lebenden Räupchen erhielt ich ziemlich komplizierte Resultate. Die Versuchstechnik war genau die in den vorigen zwei Abschnitten beschriebene, nur wurden statt der Lösungen lebende „Dunkel"-Räupchen in die inneren Reagensröhren gebracht, sowie die letzteren mit Watte verschlossen. Zunächst seien drei Versuche beschrieben, welche mit Räupchen angestellt wurden, die relativ kurze Zeit hinter den Farbfiltern gewesen und noch sämtlich lebendig waren.

Versuch 32 (III. 47). Die Räupchen eines Dunkelnestes wurden in 4 Versuchsgläsern, welche entsprechend der obigen Beschreibung vorgerichtet waren, verteilt und 10 Stunden lang schwacher Sonne (April) ausgesetzt. Es wurden „Normal"-Extrakte hergestellt, je 5 ccm Extrakt mit 50 ccm H_2O_2 gemischt und immer 10 ccm titriert. Temperatur 16.8 bis 17.0°.

Tabelle 28.

Zeit in Min.	Hell		Dunkel		Gelb		Violett	
	Titer	$.4343\,K_H$	Titer	$.4343\,K_D$	Titer	$.4343\,K_G$	Titer	$.4343\,K_V$
0	27.4 (ber.)	—	27.4 (ber.)	—	27.4 (ber.)	—	27.4 (ber.)	—
15	22.9	.00519	21.1	.00756	20.4	.00854	22.4	.00583
35	18.1	514	15.2	731	14.5	818	17.7	542
55	14.3	512	10.6	767	9.9	804	13.1	547
75	11.0	528	7.3	766	7.0	790	10.8	539

Mittel: .00518   Mittel: .00755   Mittel: .00817   Mittel: .00543

$$K_H : K_D : K_G : K_V = 0.63 : 0.92 : 1 : 0.66$$

Versuch 33 (III. 48). Ein Teil derselben Räupchen, von denen einige in Versuch 32 untersucht wurden, blieben weitere 24 Stunden dem Licht ausgesetzt; sie erhielten dabei ca. 4 Stunden ziemlich kräftige Sonne (April). Versuchsanordnung dieselbe wie in Versuch 30. Temperatur 16.8 bis 17.2°.

Tabelle 29.

Zeit in Min.	Hell		Dunkel		Gelb		Violett	
	Titer	$.4343\,K_H$	Titer	$.4343\,K_D$	Titer	$.4343\,K_G$	Titer	$.4343\,K_V$
0	27.4 (ber.)	—	27.4 (ber.)	—	27.4 (ber.)	—	27.4 (ber.)	—
20	23.5	.00333	21.7	.00507	21.3	.00547	22.1	.00467
40	20.1	338	17.0	518	16.3	564	17.9	482
60[1])	17.6	326	13.0	539	12.3	579	13.9	490
80	14.4	349	10.1	542	9.3	587	11.5	471
100	12.0	359	8.0	535	7.4	569	9.4	465

Mittel: .00341   Mittel: .00528   Mittel: .00569   Mittel: .00475

$$K_H : K_D : K_G : K_V = 0.60 : 0.93 : 1 : 0.82$$

[1]) Beim „Hell"-Versuch wurde bereits nach 59 Minuten titriert.

Versuch 34 (III. 51). Dieselben Räupchen, von denen in Versuch 32 und 33 einige in bezug auf ihren Katalasengehalt untersucht wurden, wurden weitere 62 Stunden dem Lichte ausgesetzt, so daß sie insgesamt 96 Stunden (4 Tage) belichtet gewesen waren. Im Gegensatz indessen zu den ersten 34 Stunden erhielten die Räupchen während der letzten 62 Stunden keinen Tag direkte Sonne, waren vielmehr nur diffusem Licht von meist stark bewölktem Himmel (meist Regen, April) ausgesetzt. Versuchsanordnung die gleiche wie in vorigen Versuchen. Temperatur 16.0 bis ca. 16.8°.

Tabelle 30.

Hell			Dunkel		
Zeit in Min.	Titer	$.4343\,K_H$	Zeit in Min.	Titer	$.4343\,K_D$
0	27.2 (ber.)	—	0	27.2 (ber.)	—
19	22.9	.0040	20	22.4	.0042
40	18.7	41	40	18.2	44
60	15.2	42	60	14.4	46
80	12.1	44	81	11.7	45
101	9.7	44	100	9.4	46
	Mittel: .0042			Mittel: .0045	

Gelb			Violett		
Zeit in Min.	Titer	$.4343\,K_G$	Zeit in Min.	Titer	$.4343\,K_V$
0	27.2 (ber.)	—	0	27.2 (ber.)	—
19	22.4	.0044	20	22.9	.0037
40	17.7	47	40	19.3	37
60	13.4	51	60	15.8	39
81	10.4	52	80	13.4	38
100	9.0	48	100	11.0	39
	Mittel: .0048			Mittel: .0038	

$$K_H : K_D : K_G : K_V = 0.88 : 0.94 : 1 : 0.79$$

Diese Versuche (32, 33 und 34) zeigen nun folgende interessante Resultate.

Zunächst fällt in allen drei Versuchen auf, daß die beste Konservierung der Katalase nicht im Dunkeln, sondern im gelben Lichte stattfand, im Gegensatz zu dem Verhalten der Fermentlösungen und der Reaktionsgemische, welche in den vorigen zwei Abschnitten untersucht wurden, und die im Dunkeln am wenigsten geschädigt wurden. Es ist nun zunächst daran zu denken, daß möglicherweise irgend eine Undichtigkeit in der Stanniolumhüllung hierfür verantwortlich zu machen ist. Indessen wurde das besagte Verhalten bei allen diesbezüglichen Versuchen (soweit es sich um lebende Tiere handelt) und bei sorgfältigster und ca. 20facher, mit Gummi verklebter Stanniolumhüllung wiedergefunden. Dieselben Umhüllungen, ja sogar solche aus weniger Schichten Stanniol, gaben bei den Versuchen mit Fermentextrakten und Reaktionsgemischen die entgegengesetzten Resultate. Es bleibt daher nichts anderes übrig, als die Richtigkeit des genannten Resultates anzunehmen.

Was das Verhältnis $K_G : K_H$ anbetrifft, so ist dasselbe 0.92, 0.93, 0.94; d. h. es nähert sich im Laufe des Versuchs stetig 1. Wir werden später sehen, daß bei noch längerer Versuchsdauer es gleich 1 werden und sich damit den an Fermentextrakten und Reaktionsgemischen gemachten Erfahrungen nähern kann.

Endlich sei noch besonders betont, daß auch im gelben Lichte, und zwar in noch größerem Umfang als im Dunkeln, eine anfängliche Steigerung des Katalasengehaltes stattfindet. Es scheint so, als wenn wir es in der Tat hier mit einer Reaktion zu tun haben, welche von Strahlen kürzerer Wellenlänge beschleunigt, von solchen größerer Wellenlänge aber verzögert wird (siehe die Diskussion über die „Violett"-Versuche), in ähnlicher Weise, wie es von Trautz und Thomas für eine große Anzahl gewöhnlicher chemischer Reaktionen gefunden worden ist.

Der Wert der „Dunkel"-Konstanten nimmt bei den hier geschilderten Versuchen bereits stetig ab. Hinzu gehört indessen der in Tabelle 27 unter I angeführte Versuch, welcher das Anwachsen der Konstante innerhalb der ersten zehn Stunden zeigt.

Bemerkenswert ist auch das Verhalten der „Hell"-Konstanten. Während der ersten 10 Stunden (verglichen mit der anfänglichen „Dunkel"-Konstante I, Tabelle 27) sowie auch während der ersten 34 Stunden direkter Sonnenbelichtung nimmt dieselbe deutlich ab, wie dies bereits schon früher geschildert worden ist. Während weiterer 62 Stunden aber waren die Räupchen nur schwachem diffusem Himmelslicht, unter Herabsetzung jedenfalls auch der Temperatur, um schätzungsweise 3 bis 4° (eine spezielle Messung habe ich leider versäumt) ausgesetzt gewesen, mit dem Resultate, daß die Konstante resp. der Katalasengehalt sich erhöhte. Ich möchte nicht zu bemerken unterlassen, daß ich nur über diese eine Beobachtung verfüge, und eine weitere Prüfung der Annahme, ob tatsächlich auch im diffusen schwachen Lichte ebenfalls eine Vermehrung resp. Regeneration der Katalase, wie sie sicher im Dunkeln stattfindet, möglich ist, für notwendig halte. Indessen sprechen mehrere Punkte zugunsten der Allgemeingültigkeit dieses einen Resultates.

Zunächst habe ich mehrere Male die Erfahrung gemacht, daß sowohl Räupchen bei ungefähr gleicher Temperatur im diffusen Licht länger am Leben blieben, als auch nach kürzerer intensiver Sonnenbestrahlung (bei welcher die Räupchen bald fast unbeweglich werden) sich erholten, wenn sie wieder ins Dunkle oder in diffuses Tageslicht gestellt wurden. Die hierdurch hervorgebrachte Steigerung der allgemeinen physiologischen Tätigkeit macht auch die Fähigkeit einer Regeneration der durch intensivere Belichtung zerstörten Katalase wahrscheinlich.

Ferner aber spricht sowohl das Verhalten der Räupchen im violetten als auch im gelben Lichte für eine Regenerationsfähigkeit der Katalase unter dem Einfluß des gemischten Lichtes. Die „Violett"-Konstanten zeigen in Tabelle 28 bis 30 zunächst eine stetige aber relativ kleine, dann aber, nach längerer Zeit eine ganz außerordentlich starke Abnahme, während gleichzeitig die „Hell"-Konstante steigt. Auf der andern Seite wurde schon betont, daß im gelben Lichte anfangs eine ganz bedeutende Vermehrung des Katalasengehaltes auftritt, und daß durchweg in allen Versuchen, bei welchen lebende Räupchen untersucht wurden, die Konstanten höhere Werte im gelben Lichte als im Dunkeln aufweisen. Dies zweifache Verhalten legt nun den Gedanken nahe, daß bereits die im gemischten oder weißen Licht enthaltenen gelben und roten Strahlen genügen, um bei geringer Lichtintensität eine Vermehrung oder Regeneration der Katalase zu bewirken. Es muß auch daran erinnert werden, daß bei trübem, regnerischem Wetter (wie es während der letzten 62 Stunden des Versuches herrschte), durch den in der Luft enthaltenen Wasserdampf insbesondere auch die violetten resp. ultravioletten Strahlen absorbiert werden, so daß von vornherein ein Licht mit einem größeren Prozentsatz roter und gelber Strahlen zur Verwendung kam.

Alle diese Punkte sprechen zugunsten der Annahme, daß eine Vermehrung der Katalase auch durch schwache diffuse Belichtung der Räupchen auf Grund der beschleunigenden Wirkung der im gemischten Lichte enthaltenen gelben und roten strahlen möglich ist.

§ 21. Dehnt man die Versuche noch weiter aus, so fangen die Räupchen an einzugehen. Gleichzeitig werden die in ihnen enthaltenen Katalasenmengen in recht komplizierter Weise verändert. Es ist zunächst von Interesse festzustellen, in welcher Reihenfolge die Räupchen absterben. In zwei ausgedehnteren diesbezüglichen Versuchen fand ich beide Male dieselbe Reihenfolge: Zuerst starben die Räupchen im farbigen Lichte, und zwar am schnellsten im gelben, dann im violetten. Es folgten darauf die im Dunkeln gehaltenen Räupchen, während die dem gemischten Lichte ausgesetzten stets am längsten lebendig blieben. Es ist dieser letztere Punkt von besonderer Wichtigkeit für die biologische Theorie des Phototropismus, indem er nämlich zeigt, daß die normale positiv phototrope Reaktion, welche zu einer Belichtung der Räupchen führt, in der Tat ein lebenserhaltender Vorgang ist.

Vergleicht man nun den Katalasengehalt sterbender oder bereits abgestorbener Räupchen, so erhält man folgende Ergebnisse.

Zunächst muß darauf hingewiesen werden, daß bereits in Versuch 34 (Tabelle 30) unter dem gelben und violetten Lichte einige Räupchen abgestorben waren, mehr dabei unter dem ersteren als unter dem zweiten. Untersucht wurden indessen nur lebende Räupchen. Indessen zeigt bereits dieser Versuch zwei Erscheinungen, welche für die Variation des Katalasengehaltes absterbender Räupchen charakteristisch sind: Die „Gelb"-Konstante nähert sich immer mehr der „Dunkel"-Konstanten resp. nimmt schneller als diese ab; die „Violett"-Konstante sinkt rapid unter den Wert der „Hell"-Konstanten. Bei einem andern, von Versuch 32—34 unabhängigen Versuch, bei welchem die Räupchen ca. fünf Tage belichtet gewesen waren, und im gelben Versuchsgefäß bereits einige tote Räupchen gefunden wurden, erhielt ich von lebenden Räupchen folgende Konstanten. Versuch 35 (III. 45).

Tabelle 31. (Versuch 35. III, 45.)

Temp. 17.6°	Hell		Temp. 17.6°	Dunkel	
Zeit in Min.	Titer	$.4343\,K_H$	Zeit in Min.	Titer	$.4343\,K_D$
0	27.6 (ber.)	—	0	27.6 (ber.)	—
15	22.0	.0066	15	21.5	.0072
30	17.3	68	30	16.6	74
45	13.5	69	45	12.7	75
60	10.8	68	60	10.0	74
75	8.8	66	75	8.4	69

Mittel: .0067   Mittel: .0073

Temp. 17.6°	Gelb		Temp. 17.6°	Violett	
Zeit in Min.	Titer	$.4343\,K_G$	Zeit in Min.	Titer	$.4343\,K_V$
0	27.6 (ber.)	—	0	27.6 (ber.)	—
14	21.8	.0072	14	22.7	.0061
30	—	—	30	—	—
45	13.0	.0073	45	14.7	.0061
60	10.0	74	60	12.0	60
75	—	—	75	—	—

Mittel: .0073   Mittel: .0061

$$K_H : K_D : K_G : K_V = 0.92 : 1 : 1 : 0.83$$

Tabelle 31 (Versuch 35, III. 45) zeigt, daß das in Versuch 34 (Tabelle 30) gefundene Verhalten allgemeingültig zu sein scheint. Denn auch in diesem zweiten Versuche kommen sich die „Dunkel"- und „Gelb"-Konstante so nahe, daß sie sogar denselben Zahlenwert besitzen. Andererseits ist aber auch das charakteristische und nur bei längerer Versuchsdauer zu beobachtende Verhalten der „Violett"-Konstanten wiederzufinden: sie sinkt deutlich, wenn auch nicht so stark wie in Versuch 34 unter den Wert der „Hell"-Konstanten.

Wartet man endlich so lange, bis die Räupchen in farbigen Versuchsgefäßen vollständig, im Dunkeln zum Teil abgestorben sind, so erhält man, wenn man „Normal"-Extrakte der toten Räupchen im Gelb und Violett, der noch lebenden im Dunkeln und Hellen untersucht, folgende Resultate.

Versuch 36 (III. 35). Die Räupchen eines „Dunkel"-Nestes wurden in 4 entsprechend vorgerichtete Versuchsgefäße verteilt und in die Sonne gestellt. Sie wurden sechs Tage lang ziemlich kräftig belichtet. Am fünften Tage war über die Hälfte der Räupchen im gelben Licht gestorben; die übrigen verendeten während des sechsten Tages. Im violetten Licht waren am fünften Tage nur sehr wenige (vielleicht 3 unter 50), am sechsten jedoch alle gestorben. Die im Dunkeln und im gemischten Licht aufbewahrten waren am fünften Tag noch sämtlich lebendig; am sechsten starben etwa 6 unter ca. 50 Räupchen im Dunkeln. Es wurden in beschriebener Weise „Normal"-Extrakte hergestellt und wie gewöhnlich untersucht. Temperatur 17.5 bis 17.8.

Tabelle 32.

Zeit in Min.	Hell		Dunkel		Gelb		Violett	
	Titer	$.4343 K_H$	Titer	$.4343 K_D$	Titer	$.4343 K_G$	Titer	$.4343 K_V$
0	27.1 (ber.)	—	27.1 (ber.)	—	27.1 (ber.)	—	27.1 (ber.)	—
15	21.4	.00684	20.9	.00752	24.0	.00352	23.3	.00437
30	16.8	692	16.0	763	21.5	335	20.5	404
45	13.1	702	12.2	770	19.3	394	17.8	406
60	10.8	666	9.5	759	17.5	316	15.6	400
75	8.2	692	7.5	744	15.9	309	13.8	391

Mittel: .00687   Mittel: .00758   Mittel: .00341   Mittel: .00408

$$K_H : K_D : K_G : K_V = 0.96 : 1 : 0.41 : 0.52$$

Die Resultate dieses Versuches haben nur einen bedingten Wert, einmal weil der Katalasengehalt toter und lebender Räupchen miteinander verglichen wurde, andererseits darum, weil die Räupchen im gelben Lichte eher starben als die im violetten und darum als Kadaver längere Zeit der zerstörenden Lichtwirkung ausgesetzt waren. Die gewaltige Abnahme des Katalasengehaltes in toten belichteten Räupchen beruht wohl zweifellos zum Teil auf dem Umstande, daß die physiologische Tätigkeit im Sinne einer Neuproduktion des Ferments in Wegfall kommt. In demselben Sinne wird auch das Sinken der „Gelb"-Konstante unter den Wert aller übrigen Konstanten, ein Verhalten, das sonst in keinem einzigen Versuche beobachtet wurde, auf diesen Umstand zurückzuführen sein.

Interessant ist indessen, daß auch bei einer so großen Versuchsdauer der Sinn des Unterschiedes zwischen „Hell" und „Dunkel" derselbe bleibt, obschon die Zahlen sich sehr nahe kommen.

§ 29. Fragt man nun nach den Beziehungen zwischen dem Katalasengehalt und der Verderblichkeit des Lichtes, so kommen für eine derartige Verknüpfung naturgemäß nur Versuche in Betracht, welche an noch lebenden Räupchen angestellt wurden, d. h. Versuch 34 und 35 (Tabelle 30 und 31). Es ergibt sich sodann die bemerkenswerte Tatsache, daß die Räupchen mit dem größten Katalasengehalt (die unter dem gelben Licht gehaltenen) am ehesten sterben. Dieses Ergebnis ist ein durchaus regelmäßiges und sicheres. Weiterhin verwickeln sich die Verhältnisse, insofern als nicht die im Dunkeln gehaltenen Räupchen, welche den zweitgrößten Katalasengehalt, sondern die dem violetten Licht ausgesetzten, welche in den späteren Versuchsstadien den kleinsten Katalasengehalt besitzen, zu zweit umkommen. Zuletzt sterben im gemischten Lichte die Räupchen mit einem Katalasengehalt, der zwar ebenfalls sehr klein, nach den Versuchen indessen in späteren Stadien stets größer als der der „Violett“-Räupchen ist. Würde also die Sterblichkeit ohne weitere Komplikationen parallel mit dem Gehalte an Katalase gehen, so sollte der Sterblichkeitsreihe gelb $>$ violett $>$ dunkel $>$ hell eine gleichsinnige Abnahme des Katalasengehaltes entsprechen. Statt dessen finden wir den Katalasengehalt in der Reihe gelb $>$ dunkel $>$ hell $>$ violett abnehmen, oder es sterben die Räupchen mit dem größten und mit dem kleinsten Katalasengehalt zuerst, während die Sterblichkeit im Dunkeln und Hellen wieder parallel mit dem Katalasengehalt verläuft.

Die wahrscheinlichste Erklärung erscheint mir die folgende: Die Zerstörung der Katalase, die in der Reihenfolge gelb $<$ dunkel $<$ hell parallel mit der Sterblichkeit läuft, ist nur bis zu einem bestimmten Grade der Verminderung ein lebenserhaltender Vorgang. Wird die Katalase in einem zu großen Maße vernichtet, wie dies ein längeres Verweilen in violettem Lichte mit sich bringt, so sinkt der Katalasengehalt unter das Minimum, welches zur Erhaltung der physiologischen Funktionen, insbesondere der oxydativen Vorgänge, an welchen die Katalase beteiligt ist, nötig ist, und die anfangs lebenserhaltende Reduktion derselben wird zu einem schädlichen Vorgang. Man braucht zur Begründung dieser Erklärung durchaus nicht weit auszuholen. Die oft gefundene und wahrscheinlich gesetzmäßige Umkehrung der phototropen Reaktion vieler Organismen bei zu starker Belichtung sowie die hier beschriebene Tatsache, daß auch im gemischten Lichte bei längerer Einwirkung die Räupchen unter einem starken Katalasenverluste sterben, rechtfertigt diese Erklärung. Warum die Zerstörung gerade im violetten Licht bei längerer Versuchsdauer eine so intensive ist, wurde schon weiter oben erörtert. Sehr wahrscheinlich beruht sie auf der Notwendigkeit der gelben Strahlen für eine physiologische Neubildung der Katalase resp. auf der Unmöglichkeit der Räupchen, im violetten Lichte die zerstörte Katalase wenigstens teilweise wieder zu regenerieren. Dies wird dadurch sehr nahegelegt, daß bei allen Belichtungsbedingungen außer im violetten Lichte, ja sogar bei schwachem gemischtem Licht bei höherer Temperatur eine anfängliche Vermehrung der Katalase eintritt, die am stärksten im gelben Lichte, schwächer im Dunkeln und am geringfügigsten im schwachen gemischten Lichte ist.

Diese Versuche führen zusammengefaßt zu folgenden Sätzen. Die Sterblichkeit der Porthesia-Räupchen bei wechselnden Belichtungsbedingungen, insbesondere mit Berücksichtigung des Einflusses von Licht verschiedener Wellenlänge geht zunächst parallel mit dem Katalasengehalt, insofern als der Sterblichkeitsreihe gelb $>$ dunkel $>$ hell eine Reihe des Katalasengehaltes gelb $>$ dunkel $>$ hell entspricht. Geht die Zerstörung der Katalase zu weit, wie dies im violetten Lichte bei längerer Versuchsdauer geschieht, so wird ebenfalls eine starke Schädigung hervorgerufen, welche also aus den entgegengesetzten Gründen stattfindet. Dies letztere entspricht dem biologischen Verhalten vieler positiv phototroper Organismen, insofern als bei zu intensiver Beleuchtung (entsprechend zu intensiver Zerstörung der Katalase) der Sinn der tropischen Reaktion sich umkehrt.

§ 23. Zum Schlusse dieses Teils möchte ich noch einige Beobachtungen mitteilen, welche zwar nicht auf den Katalasengehalt der Räupchen Bezug haben, wohl aber sonst von einigem Interesse sind.

Es wurde schon oben erwähnt, daß der aus „Dunkel“-Raupen hergestellte „Normal“-Extrakt im allgemeinen eine mehr violettbräunliche Farbe hat, im Gegensatz zu den aus beichteten Räupchen hergestellten Fermentlösungen, welche mehr gelblichbraun waren. Dieser Unterschied wurde nun durchgängig bei allen in Betracht kommenden Extrakten wiedergefunden, und es ist nach ein wenig Übung leicht, zwei derartige Extrakte bereits an ihrer Färbung zu unterscheiden.

In entsprechender Weise machen sich auch Unterschiede bei Extrakten geltend, welche aus Räupchen hergestellt wurden, die farbigem Lichte ausgesetzt gewesen waren. So finden sich in meinen Versuchsnotizen für die Färbungen der in Versuch 36 (Tabelle 32) untersuchten Extrakte folgende Bezeichnungen: Gelb-E.: intensiv gelblich, Violett-E.: weniger gelblich, dann folgen in bezug auf Gelb: Dunkel $>$ Hell. Zwischen Dunkel und Hell wenig Unterschied. Vergleicht man diese Reihenfolge: gelb $>$ violett $>$ dunkel $>$ hell mit der Reihenfolge des Katalasengehalts: dunkel $>$ hell $>$ violett $>$ gelb, so findet man, abgesehen von der Stellung des „dunkel“ genau die entgegengesetzte Ordnung. Sehen wir von dem Farbenunterschied zwischen hell und dunkel, der ausdrücklich als „wenig“ bezeichnet wurde, ab, so ergibt sich, daß die Extrakte um so gelblicher sind, je weniger Katalase sie enthalten. — Bemerken möchte ich noch, daß diese Notizen über die Färbung der Extrakte vor der Untersuchung ihres Katalasengehaltes gemacht wurden.

Eine andere Beobachtung, die ein eingehenderes Studium verdiente, ist die, daß das Gewicht der Räupchen je nach den Belichtungsbedingungen variiert. Für gewöhnlich wurden zur Herstellung eines „Normal“-Extraktes eine bestimmte Anzahl Räupchen abgezählt und mit der gleichen Zahl Kubikzentimeter Chloroformwasser verrieben. Im Laufe der Versuche fiel es nun aber auf, daß diese Räupchen zuweilen deutlich verschiedene Größe, insbesondere Dicke hatten, und die Gewichtsbestimmung zeigte, daß auch ihr Gewicht verschieden war. So wogen je 20 Räupchen, welche zur Herstellung der Extrakte von Versuch 36 benutzt wurden:

Hell: 50 mg; ein Räupchen = 2.5 mg
Dunkel: 35 „ „ „ = 1.8 „
Gelb: 32 „ „ „ = 1.6 „
Violett: 30 „ „ „ = 1.5 „

Die Unterschiede sind also sehr beträchtlich. In einem andern, hier nicht mitgeteilten Versuch, bei dem die „Hell“-

Räupchen nur ca. 2 Tage belichtet worden waren, war der Unterschied zwar kleiner, jedoch gleichsinnig:

Hell: 20 Räupchen wogen 40 mg

Dunkel: 20   ,,   ,, 38 ,,

In einem dritten Falle dagegen, in welchem die Räupchen ebenfalls nur 2 Tage belichtet gewesen waren, war der Unterschied wieder sehr deutlich (siehe Versuch 28, Tabelle 23).

Hell: 20 Räupchen wogen 50 mg

Dunkel: 20   ,,   ,, 40 ,,

usw.

Die Unterschiede zwischen „Hell"- und „Dunkel"-Räupchen haben also immer den gleichen Sinn: die Räupchen nehmen deutlich bei Belichtung an Gewicht zu. Es erinnert dies sehr interessante Verhalten an die Versuche von M. von Linden[1]) über die Gewichtszunahme von Schmetterlingspuppen in kohlensäurereicher Atmosphäre. — Ein Zusammenhang zwischen der Gewichtsvermehrung und der Änderung des Katalasengehaltes läßt sich auf Grund der obigen Versuche mit farbigem Licht nicht feststellen.

§ 24. Zusammenfassung. Die wichtigsten Resultate und Folgerungen der in Abschnitt C mitgeteilten Versuche sind folgende:

1. Gleich den Fermentlösungen und Reaktionsgemischen erleiden auch die lebenden Räupchen von Porthesia chrysorrhoea bei Belichtung einen beträchtlichen Verlust an Katalase. Dies wurde durch Untersuchung von „Normal"-Extrakten von Räupchen, die im Dunkeln, und solchen, die im natürlichen Licht gehalten wurden, festgestellt. Dieser Unterschied ist auch bei Berücksichtigung der Temperatur sowie bei Benutzung des Materials aus einem Neste stets vorhanden.

2. Im Dunkeln findet sowohl bei einer Temperatur von 8 bis 10°, als auch von 15 bis 19° anfänglich eine Vermehrung der Katalase statt, welche aber bei längerer Versuchsdauer regelmäßig in eine Abnahme der Katalase übergeht. Dieser An- und Abstieg findet viel schneller bei der genannten höheren als bei der tieferen Temperatur statt. Die anfängliche Ver-

---

[1]) M. von Linden: Siehe die zusammenfassenden Autorreferate im Zool. Zentralblatt.

mehrung ist jedenfalls auf eine Steigerung der physiologischen Funktionen infolge der im Vergleich zur Überwinterungstemperatur der Nester (nicht über 6°) in beiden Fällen höheren Versuchstemperatur zurückzuführen.

3. Der Einfluß der Wellenlänge des Lichts auf den Katalasengehalt lebender Räupchen ist ein ziemlich verwickelter.

Während der ersten ca. 3 Versuchstage nimmt der Katalasengehalt in folgender Reihenfolge ab: Gelb $>$ Dunkel $>$ Violett $>$ Hell. Es zeigt sich insofern ein wichtiger Unterschied im Vergleich zu dem entsprechenden Verhalten von Fermentextrakten und Reaktionsgemischen, als im gelben Lichte der größte Katalasengehalt gefunden wurde. Der Grund hierfür liegt darin, daß zunächst die anfängliche Steigerung des Katalasengehaltes, wie sie im Dunkeln bereits festgestellt wurde, auch im gelben Lichte, aber hier in einem noch größeren Umfang stattfindet. Sodann wird auch die Konservierung der Katalase resp. vielleicht die physiologische, der Lichtzerstörung entgegenwirkende Neubildung der Katalase durch die gelben Strahlen begünstigt. Im Gegensatz hierzu läßt sich im violetten Lichte keine anfängliche Vermehrung beobachten; der Gehalt nimmt mit der Belichtung stetig ab. Es scheint also die physiologische Bildung der Katalase ein Prozeß zu sein, welcher im Vergleich zur Dunkelreaktion durch gelbe Strahlen begünstigt, durch violette dagegen gehemmt wird, in ähnlicher Weise, wie dies von Trautz und Thomas für gewöhnliche chemische Reaktionen gefunden worden ist. — Eine vorübergehende Vermehrung der Katalase auch im gemischten, aber schwachen diffusen Licht, welche voraussichtlich auf die Wirkung der im gemischten Licht vorhandenen gelben Strahlen zurückzuführen ist, wurde einmal beobachtet.

Bei längerer Versuchsdauer (über 3 Tage) sterben die Räupchen bei gleichen Temperatur- usw. Bedingungen in folgender Reihenfolge: Gelb, Violett, Dunkel, Hell. Es zeigt sich also, daß die normale positiv phototrope Reaktion der Räupchen in der Tat eine lebenserhaltende ist, ein Umstand, der für die physiologische Theorie des Phototropismus von Wichtigkeit ist. Beim Vergleich der Sterblichkeit mit dem Katalasengehalt von zwar noch lebenden, aber kurz vor dem Absterben befindlichen Räupchen ergibt sich, mit Ausnahme zunächst von „Violett“

daß die Räupchen mit dem höchsten Katalasengehalt am ehesten sterben, der Katalasengehalt nimmt in diesen Versuchsstadien ab in der Reihenfolge: Gelb > Dunkel > Hell; die gleiche Reihe zeigt die Sterblichkeit. Im violetten Licht nimmt der Katalasengehalt während der letzten Lebenszeit der Räupchen außerordentlich stark ab und sinkt unter sämtliche anderen Werte. Trotzdem sterben die Räupchen nicht am spätesten, sondern nach den im gelben Licht gehaltenen. Der Grund hierfür liegt, wie des näheren auseinandergesetzt wird, mit großer Wahrscheinlichkeit darin, daß ebenso, wie zu intensive Beleuchtung eine Umkehrung der positiven phototropen Reaktion vieler Tiere in eine negative Reaktion veranlaßt, auch eine übermäßige Zerstörung der Katalase schädlich wirkt. Diese übermäßige Zerstörung der Katalase im violetten Lichte wird darauf zurückgeführt, daß das violette Licht, wie schon aus dem Fehlen der sonst allgemein gefundenen anfänglichen Steigerung des Katalasengehaltes hervorgeht, jede Neubildung oder Regeneration der zerstörten Katalase hindert.

4 Weiterhin wurde eine Variation der Färbung der Extrakte, die aus unter verschiedenen Belichtungsbedingungen gehaltenen Räupchen hergestellt wurden, beobachtet. Die Extrakte aus „Dunkel"-Raupen waren weniger gelblich als die der „Hell"-Raupen gefärbt. Ein Vergleich zwischen dem Einfluß der Wellenlänge des Lichts auf den Katalasengehalt und die Färbung der Extrakte ergab, daß die Extrakte um so gelblicher sind, je weniger Katalase sie enthalten.

Endlich wurde gefunden, daß die Räupchen im Hellen im Vergleich zu den „Dunkel"-Räupchen regelmäßig an Gewicht zunehmen. Ein Zusammenhang zwischen dieser Gewichtsveränderung und dem Katalasengehalt ließ sich nicht feststellen; die Gewichte der Räupchen nahmen in einem Versuch über den Einfluß farbigen Lichts ab in der Reihenfolge: Hell > Dunkel > Gelb > Violett, der Katalasengehalt in der Reihe: Dunkel > Hell > Violett > Gelb.

III. Über die Lichtempfindlichkeit tierischer Peroxydasen.

§ 25. Wie schon oben erwähnt, liefern die Methoden, mittels derer man einen peroxydasehaltigen Extrakt auf seinen

Peroxydasengehalt untersuchen kann, zurzeit keine quantitativen
Resultate. Auch der nächstliegende Versuch, durch colori-
metrische Bestimmung eine annähernd quantitative Schätzung
der Tiefe der Färbung und damit, unter Voraussetzung der
Proportionalität zwischen Peroxydasengehalt und Farbtiefe, des
Peroxydasengehalts auszuführen, scheitert daran, daß die Reaktionsgemische beträchtlich in ihrem Farbton variieren, und
zwar von gelblichgrün bis blauviolett. Diese Unterschiede
machen sich sogar bei ein und derselben Lösung bemerkbar,
insofern, als eine blaue Lösung beim Verdünnen oft grünlich
wird. Auf diese und weitere Schwierigkeiten ist schon in meiner
zitierten Arbeit über die Oxydasen der Geschlechtszellen hingewiesen worden. Ich möchte es indessen keineswegs für ausgeschlossen halten, daß die Ausarbeitung einer quantitativen
colorimetrischen Methode gelingt, falls man einen eindeutigeren
und empfindlicheren Indikator findet. Allerdings ist dabei nicht
zu vergessen, daß vielleicht im Sinne von Bach und Chodat
zweierlei Stoffe, ein echtes, sauerstoffübertragendes Ferment und
ein organisches Peroxyd in den zu untersuchenden Lösungen
vorhanden sind und daß man sich bei der Wahl eines Indikators
eventuell entscheiden muß, welchen von den genannten Stoffen
man mit ihm untersuchen will. Zur Ausarbeitung einer ein-
deutigen Methode ist eine große Anzahl von Voruntersuchungen,
welche zunächst mit Sicherheit die Existenz der beiden genannten Stoffe, sodann aber auch die sicherlich sehr engen und
wichtigen Beziehungen zwischen denselben feststellen müssen,
notwendig. Ich habe mir daher mit der bekanntesten Nach-
weismethode für derartige Stoffe der Guajacharzoxydation
genügen lassen müssen, halte aber selbst eine Nachprüfung der
im folgenden geschilderten Resultate an der Hand einer besseren
Methode äußerst wünschenswert. Einen Vorteil hat die Guajacprobe insofern, als sowohl typische Peroxyde allein (z. B. Benzoyl-
superoxyd), aber auch tierische Extrakte ohne H_2O_2, als auch
tierische Extrakte, welche ohne H_2O_2 keine Reaktion geben,
nach Bach und Chodat also nur echte Fermente enthalten,
eine Blaufärbung erzeugen. Die Guajacprobe würde also sowohl
das Vorhandensein von Peroxydasen als auch von Peroxyden
anzeigen. Diese Reaktionen verlaufen verschieden schnell und
deutlich; regelmäßig scheint einstweilen nur die Tatsache zu

sein, daß sie sämtlich mit H_2O_2 schnellere und stärkere Färbungen ergeben.

Die nähere Versuchstechnik, welche ich bei den Guajacproben anwendete, habe ich in meiner zitierten Arbeit ausführlich beschrieben. Bemerken möchte ich nur, daß auch hier mit Guajacharzsuspensionen, d. h. in möglichst rein wässerigem Medium gearbeitet wurde. Die Vorteile dieser Methode habe ich auch früher auseinandergesetzt. Die alkoholische Guajaclösung wurde meist wöchentlich frisch hergestellt, in dicht mit Stanniol umwickelten, verkorkten und möglichst ins Dunkle und Kühle gestellten Flaschen aufbewahrt. Das Harz wurde von einem sehr großen Stücke losgeschlagen; Stücke mit Flächen, welche der Luft und dem Licht ausgesetzt waren, wurden nicht verwendet. Wie die gute Filtrierbarkeit auch konzentrierter Lösungen zeigte, war das Harz ziemlich rein. Diese Vorsichtsmaßregeln waren insbesondere angesichts der Resultate der zitierten Abhandlung von P. Waentig notwendig.

Schließlich möchte ich noch kurz auf die äußere Form, in der die Resultate dieser Versuche wiedergegeben sind, sowie auch auf die Fehler eingehen, welche bei der hier geübten subjektiven Methode möglich sind. Die Resultate der im folgenden beschriebenen Versuche sind im allgemeinen in der Form ausgedrückt, daß beim Vorhandensein des gleichen Farbtones, aber bei verschiedener Intensität ein entsprechendes Ungleichheitszeichen gemacht ist, also z. B. $H > D$. Sind die Unterschiede der Intensität sehr erhebliche, so ist das Ungleichheitszeichen unterstrichen z. B. $H \geq D$; sind sie sehr schwach, so steht $H \gtrsim D$. Treten aber außerdem noch wesentliche Verschiedenheiten im Ton der Färbung ein, so ist hierüber im Text das Nähere gesagt worden. — Was die subjektiven Fehler in der Beurteilung besonders der Farbintensität der Lösungen anbetrifft, so möchte ich gleich hervorheben, daß die in Betracht kommenden Unterschiede im allgemeinen so grobe sind, daß ein Irrtum ausgeschlossen erscheint. Indessen habe ich oft, wenn sich die Gelegenheit ergab, und regelmäßig in zweifelhaften Fällen, d. h. bei kleinen Unterschieden, andere vollständig objektive Personen bei zugedeckten oder unverständlichen usw. Etiketten die Lösungen in bezug auf Farbintensität und Farbton rangieren lassen. In seltenen Fällen ergab sich dabei eine Differenz mit meinen Beobachtungen. War eine solche aber vorhanden, so ist sie mit angeführt worden. Die Versuche, in welchen nur ich die Reihenfolge der Lösungen entschied, Versuche, die durchweg aber zweifelsfreie und eindeutige Resultate ergaben, habe ich mit einem Sternchen in Klammern versehen. Bei Prüfung durch mehrere Personen habe ich so viel Sternchen hingeschrieben, als Prüfende vorhanden waren. Ich habe zuweilen denselben Versuch von 5 bis 6 Personen nachprüfen lassen.

§ 26. Die zur Untersuchung gelangenden Lösungen waren Chloroformwasserextrakte von verschiedenen tierischen Körpersäften und Organen. Ausführlicher untersucht habe ich den Chloroformwasserextrakt des Darminhaltes hungernder Mehlwürmer, in welchen bekanntlich bereits Biedermann die Guajacperoxydase fand, ferner die Hämolymphe von Hydrophilus, Dytiscus, welche im vorigen Teil auch auf ihre Katalase untersucht wurde, ferner die Hämolymphe erwachsener Raupen von Cossus ligniperda sowie die im vorigen Teil vielfach benutzten Extrakte von jungen Porthesia-Räupchen. Was den Gehalt dieser Extrakte an Guajacperoxydase anbetrifft. so sind die Mehlwurm-, Hydrophilus- und Dytiscus-Auszüge außerordentlich reich; die Cossus-Extrakte geben für gewöhnlich nur schwache Reaktionen und die Porthesia-Auszüge in sehr interessanter Weise unter normalen Umständen auch nach längerem Stehen gar keine Reaktion. Ein Punkt von besonderer Wichtigkeit ist der, daß die drei erstgenannten Extrakte bei genügender Konzentration mit kaum einer Ausnahme sofort nach der Herstellung des Extraktes die Guajacreaktion geben. Bereitet man ca. 5 ccm einer wässerigen oder mit wenig H_2O_2 versetzten Guajacsuspension vor, sticht den Hinterleib eines mit Chloroform betäubten Dytiscus oder Hydrophilus an und läßt bei vorsichtigem Drücken einen Tropfen Hämolymphe in das Reagensrohr fallen, so findet häufig schon in der ersten halben Minute. regelmäßig aber innerhalb der ersten 5 Minuten eine deutliche Grün- bis Blaufärbung statt. Dieser Versuch ist wichtig, weil er zeigt, daß die Guajacperoxydase entweder im lebenden Tiere schon vorhanden ist, oder aber, falls man auf Grund der Pfefferschen Versuche dieser Annahme kritisch gegenübersteht, sich mit ungeheurer Geschwindigkeit bildet. Jedenfalls wäre eine derartige Bildungsgeschwindigkeit von ganz anderer Größenordnung als die Verstärkung der Guajacreaktion, welche man, wie schon oft beobachtet wurde, dann erhält, wenn man tierische und pflanzliche Extrakte längere Zeit unter Luftzutritt stehen läßt. Daß eine derartige, allerdings nicht unbegrenzt fortschreitende Vermehrung des Peroxydasengehalts auch bei den hier verwendeten Extrakten stattfindet, zeigen z. B. die folgenden Versuche.

Versuch 36 (P. III. 11). Der ausgequetschte, bräunlich gefärbte Darminhalt hungernder Mehlwürmer (ca. 1 Darminhalt auf 1 ccm Wasser) wurde mit Chloroformwasser verrieben, das Gemisch filtriert. Gleich nach der Herstellung wurde folgendes Gemisch untersucht:

1. 2 ccm E (Extrakt) + 2 ccm W (Wasser) + 2 Tr (Tropfen)
Gu (Guajaclösung).

Sofort ergab sich eine schwach grünlich blaue Färbung, die nach 10 Minuten schwach, aber deutlich blau war. (*) Die Färbung nahm nur wenig in den nächsten Stunden bei Aufbewahrung im diffusen schwachen Lichte zu.

2. Nachdem der E 12 Stunden lang in einem fest zugekorkten Reagensrohr, dabei ca. 4 Stunden in diffusen Tageslicht und bei Zimmertemperatur gestanden hatte, wurde ebenfalls gemischt

2 ccm E + 2 ccm W + 2 Tr Gu.

Die Mischung wurde sofort beim Zusatz des Gu bläulich und war nach etwa 6 Stunden. (in schwachem diffusen Licht) deutlich blauer als das Reaktionsgemisch 1 (*).

Versuch 37 (P. V. 99). Es wurde ein frischer Extrakt dadurch hergestellt, daß einige Tropfen Hämolymphe einer chloroformierten CossusRaupe mit Chloroformwasser verdünnt wurden. Das Kölbchen mit dem Extrakt wurde verschlossen im Halbdunkeln bei Zimmertemperatur aufbewahrt.

1. Unmittelbar nach der Herstellung des Extraktes wurden gemischt

2 ccm E + 2 Tr Gu,

Sofort ergab sich eine schwach grünliche Färbung, die nach 24 stündigem Stehen im Dunkeln tiefgrün wurde (*).

2. Nach 24 stündigem Stehen wurden gleichfalls 2 ccm E + 2 Tr Gu gemischt. Diese zweite Probe, welche ebenfalls sofort nach der Mischung schwach grünlich aussah, und ebenfalls im Dunkeln aufbewahrt wurde, war nach 24 weiteren Stunden noch nicht ganz so grün, nach weiteren 24 Stunden (insgesamt 48 stündigem Stehen) aber deutlich grüner als 1. (*)

3. Nachdem der Extrakt weitere 24 Stunden, im ganzen also 48 Stunden alt geworden war, wurde dieselbe Probe vorgenommen. Nach 16 stündigem

Verweilen im Dunkeln war die Probe 3 fast gleich Probe 2, deutlich grüner aber als Probe 1. Nach insgesamt 72 stündigem Stehen ergab sich die Reihenfolge c > b > a. Hierbei war c am blaugrünsten, während a bräunlichgrün aussah (*).

4. Nachdem der Extrakt 72 Stunden alt geworden war, wurde eine weitere Probe angestellt. Nach insgesamt 96 stündigem Verweilen der Proben im Dunkeln ergab sich: d > c $\approx$ b > a (**).

Man könnte gegen diesen Versuch als Beweis für das Zunehmen der Peroxydase beim Stehen an der Luft folgendes einwenden. Es ist vielleicht jedem Forscher, der mit Guajac-proben arbeitet, bekannt, daß das blaue Oxydationsprodukt der Guajaconsäure sich bei längerem Stehen namentlich im Licht weiter zu einem farblosen resp. schmutzig graubraun gefärbten Produkt umwandelt. Ob dies Produkt das Resultat einer weiteren Oxydation ist, ist nicht bekannt, wohl aber aus verschiedenen Gründen wahrscheinlich. Nun könnte man denken, daß die späteren Proben darum beim Vergleich eine stärkere Färbung zeigten, weil die ersten Proben sich bereits weiter zersetzt hatten. Indessen haben mir speziell auf diesen Punkt gerichtete Versuche, in denen eine Guajacprobe mit einem speziell hergestellten wässrigen Gemisch von Aquarell-farben verglichen wurde, gezeigt, daß diese sekundäre Zer-setzung viel zu langsam vor sich geht, als daß sie bei dem betr. Versuch wenigstens innerhalb der ersten drei Tage in Frage käme, und daß namentlich im Dunkeln aufbewahrte und ohne H_2O_2 hergestellte Proben 3—4 Tage fast unverändert blieben. Außerdem spricht gegen den maßgebenden Einfluß dieses Faktors der Umstand, daß bei Probe 3 zum ersten Male eine deutlich blaugrüne Färbung auftrat, welche interessanterweise bei Probe 4 nicht in derselben Stärke zum Vorschein kam. Dieser letztere Punkt stimmt überein mit der Erfahrung, daß alle Extrakte unter beliebigen Bedingungen mit der Zeit eine Schwächung ihres Peroxydasengehaltes er-leiden.

Einige weitere Versuche über den Einfluß des Alters sind folgende.

Versuch 38 (P. IV. 67). Ein frischer Extrakt aus Dytiscus-Hämo-lymphe wurde sofort nach der Herstellung in folgender Weise unter-sucht:

1. 2 ccm E + 2 Tr Gu.

Die Mischung ergab nach ca. $1^1/_2$ Stunden eine deutliche Bläuung, welche während der nächsten Stunden sich noch deutlich vertiefte (*). Der in einem verkorkten Kölbchen aufbewahrte Extrakt sowie die erste Probe wurden im Dunkeln aufbewahrt.

2. 6 Stunden nach Entnahme der ersten Probe wurde eine zweite in gleichen Verhältnissen gemischt. Dieselbe war bereits nach einer halben Stunden viel blauer als Probe 1 (**).

3. Nachdem der Extrakt 30 Stunden alt geworden war, wurde eine dritte Probe in gleicher Weise angestellt. Das Gemisch bläute sich viel langsamer als Probe 1 und 2 und war nach 24stündigem Stehen noch nicht so blau wie 1 geworden. Wohl aber hatte das Gemisch eine intensiv grüne Färbung angenommen. (**).

Versuch 39 (P. N. 50). Ein frischer Extrakt wurde aus dem Darminhalt hungernder Mehlwürmer hergestellt und sofort nach der Herstellung eine Probe in folgender Mischung hergestellt:

1. 1 ccm E + 3 ccm W + 2 Tr Gu.

Extrakt wie erste Probe wurden sorgfältig im Dunkeln bei einer Temperatur von ca. 15.5 bis 17.0° aufbewahrt. Nach 20 Stunden hatte Probe 1 eine milchig grünlichblaue Farbe angenommen.

2. 20 Stunden nach der ersten Probe wurde eine zweite in gleicher Mischung hergestellt. Dieselbe gab nach 8stündigem Stehen (im Dunkeln) eine bedeutend tiefere blaugrüne Färbung als 1 (**).

3. Nachdem der Extrakt insgesamt 28 Stunden alt geworden war, wurde eine weitere Probe vorgenommen. Nachdem dieselbe 15 Stunden im Dunkeln gestanden, ergab sich in bezug auf die Tiefe der Färbung die Reihenfolge $3 > 2 \geq 1$ (**).

4. Als der Extrakt 43 Stunden alt geworden war, wurde wiederum eine Probe vorgenommen. Nachdem diese aber 4 Stunden im Dunkeln gewesen war, hatte sie nur eine schwach grünliche Färbung angenommen, welche bedeutend schwächer als die von 3 und 2, etwas stärker als die von 1 war. Diese Reihenfolge $3 > 2 > 4 > 1$ (**) war auch nach 25stündigem Stehen der Probe dieselbe geblieben.

Aus den Versuchen 38 und 39 geht hervor, daß eine Vermehrung des Peroxydasengehaltes auch im Dunkeln vor sich geht. Allerdings aber tritt gleichzeitig ein bemerkenswerter Unterschied hervor, insofern als die Steigerung des Peroxydasengehaltes in diffusem Licht noch nach 72 Stunden nicht beendet ist, während im Dunkeln bereits nach 30 resp. 43 Stunden eine deutliche Abnahme stattfindet. Dieser Unterschied ist interessant im Zusammenhang mit den weiter unten zu besprechenden direkten Versuchen über den Einfluß der Belichtung auf den Peroxydasengehalt von Extrakten und wird in diesem Sinne später noch herangezogen werden.

Auch bei diesen Versuchen habe ich es vorgezogen, die

natürlichen Extrakte und nicht durch Alkoholfällung usw. gereinigte Fermentlösungen zu untersuchen.

Dies geschah wiederum in der Absicht, Substanzen zu verwenden, welche sich so wenig als möglich von den im lebenden Organismus vorkommenden unterschieden resp. so wenig als möglich durch sekundäre chemische und phsyikalische Einflüsse verändert waren, dann aber auch in der Hoffnung, durch Untersuchung gleich einer größeren Zahl von Variablen eher Beziehungen und Parallelen zu den biologischen Verhältnissen zu finden, als es bei der Verwendung isolierter und dabei sicherlich weitergehend veränderter Stoffe zu erwarten war. Für eine speziell chemische, reaktionskinetische Untersuchung sind natürlich möglichst gereinigte und isolierte Fermentlösungen unbedingt vorzuziehen. Von der Katalase läßt sich die Peroxydase vielleicht am besten mit $50^0/_0$igem Alkohol trennen. Der meist nur langsam ausfallende zentrifugierte Niederschlag enthält den größeren Teil der Katalase, während die darüberstehende alkoholische Lösung meist recht kräftige Guajacreaktionen gibt. Über die Grundlagen einer anderen Fermentmethode dieser beiden Fermente unter Zerstörung der Katalase wird weiter unten berichtet werden. Im allgemeinen ist es leichter, eine katalasenreiche und peroxydasenarme Lösung herzustellen als umgekehrt, insofern als z. B. der unveränderte Porthesia-Extrakt fast nur Katalase enthält, auf der andern Seite dagegen alle peroxydasenreichen Extrakte, die von mir untersucht wurden, meist sogar recht kräftig H_2O_2 zersetzten. In der Tat scheint die Verbreitung der Katalase allgemeiner als die der Peroxydase zu sein, wenn schon nicht zu vergessen ist, daß die Guajacreaktion im Vergleich zur H_2O_2-Zersetzung wahrscheinlich viel weniger empfindlich ist.

§ 27. Was die Einteilung der Versuche über die Lichtempfindlichkeit der Guajacperoxydase anbetrifft, so ist eine Anordnung, die den im I. Teil beschriebenen Katalaseversuchen entspricht, am nächstliegendsten. Wir hätten also wieder A den Einfluß der Belichtung auf die Fermentlösung selbst, B den Einfluß der Belichtung auf die Reaktionsgemische und die Reaktion und C den Einfluß der Belichtung auf den Peroxydasengehalt lebender Tiere zu untersuchen. Indessen ist schon in der Einleitung erwähnt worden, daß das Guajacharz selbst namentlich in fein verteiltem Zustande und in Gegenwart von Wasser lichtempfindlich ist und sich allmählich zu dem bekannten blauen Produkt oxydiert. Es ist auch betont worden, daß diese Oxydation durch violettes Licht begünstigt wird, während gelbe oder rote Strahlen nicht nur hemmend wirken, sondern sogar nach vielleicht nicht ganz einwandfreien Versuchen eine Reduktion hervorrufen sollen. Würden wir also Reaktionsgemische verschiedenen Belichtungsbedingungen aussetzen, so würden sich die photochemischen Veränderungen des suspendierten Guajacharzes über etwaige photochemische Beeinflussungen der Peroxydase lagern und das Resultat verwickelt resp. mehrdeutig machen. Man könnte derartige Versuche ausführen, indem man stets eine entsprechende Reihe von Versuchsgläsern mit Reaktionsgemischen ohne Ferment belichtet und die bei diesen Versuchen erzielten Färbungen auf irgend eine Weise von den Färbungen der Ferment-Reaktionsgemische abzieht. Indessen ist dies Verfahren bei einer nur qualitativen Gehaltsbestimmung schwierig ausführbar, und obgleich ich eine große Anzahl derartiger Versuche angestellt habe, möchte ich doch der Kürze halber von ihrer Schilderung hier absehen, namentlich da sie im Vergleich zu den anderen Versuchsgruppen nichts Neues ergaben resp. analoge Beobachtungen in ein klareres Licht setzten.[1]) Demzufolge werde ich nur zwei Gruppen von Versuchen über die Lichtempfindlichkeit peroxydasehaltiger Extrakte, nämlich die unter A und C genannten beschreiben.

A. Über die Lichtempfindlichkeit tierischer peroxydasehaltiger Extrakte.

§ 28. Die Versuche über den Einfluß der Belichtung auf die Guajacreaktion peroxydasehaltiger Extrakte ergaben zunächst un-

---

[1]) Ich nehme hieraus die Schilderung einiger Versuche mit anfänglichem Guajaczusatz (aber ohne H_2O_2), welche über den Einfluß schwacher Belichtung auf alte Extrakte angestellt wurden. Wie aus § 29 hervorgehen wird, ist die Lichtwirkung bei diesen Bedingungen auf den Peroxydasengehalt gerade entgegengesetzt der Wirkung der Belichtung auf Guajacsuspension allein. Eine intensivere Färbung des Guajacs im Dunkeln könnte dann nur auf eine ganz besonders ausgesprochene Lichtwirkung auf die Peroxydase selbst zurückgeführt werden.

gemein komplizierte Erscheinungen, insofern als bei verschiedenen
Lösungen und Versuchsbedingungen ganz entgegengesetzte
Resultate zum Vorschein kamen. Ich habe eine recht beträchtliche Anzahl von Versuchen anstellen müssen, um das Gesetz
oder die Ursachen dieser zunächst scheinbar ganz unregelmäßigen Beeinflussung durch das Licht aufzufinden, und obgleich die allgemeinen Resultate dieser Fermente mir jetzt ge-
statten, falls Alter und Belichtungsbedingungen bekannt sind,
den Sinn der Lichtwirkung vorauszusagen, so bleibt doch
noch eine ganze Anzahl von Einzelproblemen recht verwickelter
Natur zu untersuchen. Ich möchte nun hier nicht im einzelnen auf all die Versuche in der Reihenfolge eingehen, in der
ich sie anstellte. Vielmehr werde ich zunächst einige allge-
meinere Resultate vorwegnehmen und diese nachher durch
Schilderung der betreffenden Versuche erhärten.

Das allgemeinste Resultat dieser Versuche ist vielleicht folgendes: Das Licht übt je nach seiner Intensität oder
seiner Einwirkungsdauer einen sehr verschiedenen,
ja sogar einen entgegengesetzten Einfluß auf peroxydasehaltige Extrakte aus, insofern als bei schwacher oder
kurzer Belichtung eine deutliche Hinderung in der
natürlichen Peroxydasevermehrung frischer Extrakte,
bei stärkerer oder längerer Belichtung dagegen eine
ebenfalls ausgesprochene Vermehrung des Peroxydasengehaltes stattfindet. Ein Altern des Extraktes wirkt be-
günstigend auf die erste Lichtwirkung, welche in einer Verminderung der Peroxydase besteht; es dauert mit andern Worten bei
alten Extrakten länger, resp. bedarf stärkerer Lichtintensitäten,
bis eine Vermehrung der Peroxydase durch Belichtung stattfindet. Im gleichen Sinne wirkt die Konzentration des Extraktes,
insofern als in verdünnteren Extrakten bei schwächerer Belichtung oder nach kürzerer Zeit die Lichtwirkungen zweiter Art
(welche eine Vermehrung des Peroxydasengehaltes der belichteten
Extrakte bewirken) die hindernden Lichteinflüsse erster Art überdecken. — Zur Abkürzung wollen wir im folgenden die Lichtwirkungen, welche eine Peroxydasenentwicklung hindern, als
„negative“, die Lichtwirkungen, welche im Gegensatz hierzu
eine Vermehrung des Peroxydasengehalts hervorrufen, als „positive“ Lichteffekte bezeichnen.

Diese Sätze werden nun durch folgende Versuche bewiesen.

§ 29. Zunächst seien einige Beispiele für die „negative" Wirkung von **kurzer** oder **schwacher** Belichtung auf **frische** und **alte, konzentriertere** und **verdünntere Extrakte** angeführt.

Versuch 40 (P. IV. 49). Der Darminhalt eines überwinternden Dytiscus, welcher wenigstens zwei Monate gehungert hatte, wurde mit Chloroformwasser verrieben und filtriert. Ein Teil des Extraktes wurde sofort nach der Herstellung in ein helles, ein anderer in ein verdunkeltes Röhrchen gegeben und beide Röhrchen im Wasserbad dem diffusen Tageslicht (Februar) ausgesetzt.

1. Nach $^{1}/_{2}$ stündiger Belichtung wurden gemischt

> H. 1 ccm E $+$ 2 ccm W $+$ 2 Tr Gu.
> D.　　　　dasselbe.

Bereits nach 5 Minuten erscheint D grünlich blauer als H (*).

2. Nach 6 stündiger Belichtung wurde eine gleiche Probe entnommen und mit Wasser und Guajac versetzt. Nach $^{1}/_{2}$ Stunde ist kaum ein Unterschied vorhanden. Nach ca. 1 Stunde ist D > H (*).

3. Nachdem die Extrakte im ganzen ca. 3 Tage dem natürlichen diffusen Lichte ausgesetzt gewesen waren, wurde eine dritte Probe angestellt. Dieselbe ergab nach ca. 1 Stunde H sehr wenig blauer als D (*).

Versuch 41 (P. IV. 66). Es wurde ein sehr konzentrierter Extrakt aus der Hämolymphe eines Hydrophilus verwendet. Das verdunkelte und das erhellte Röhrchen standen ca. 6 Stunden im diffusen Tageslicht (Februar). Es wurden gemischt

> H. 2 ccm E $+$ 2 ccm W $+$ 2 Tr Gu;
> D.　　　　dasselbe.

Zunächst kein Unterschied, beide Gemische außerordentlich stark blau gefärbt, so daß beide aufs Dreifache verdünnt wurden. Nach ca. 10 Minuten erscheint D blauer als H, welch letzteres mehr grünlich ist. Nach ca. 30 Minuten D fraglos blauer und dunkler als H. Unterschied wird immer stärker (*).

Versuch 42 (P. N. 55). Ein ca. 4 Tage alter, im Halbdunkeln aufbewahrter Extrakt aus dem Darminhalt hungernder Mehlwürmer wurde in ein verdunkeltes und in ein helles Reagensrohr gegeben und im diffusen Tageslicht (Dezember) stehengelassen. Nach einstündiger Belichtung wurde gemischt

> 1. H. 1 ccm E $+$ 2 ccm W $+$ 1 Tr Gu $+$ 1 ccm H_2O_2;
> D.　　　　dasselbe.

Nach 5 Minuten war kaum ein Unterschied erkennbar, nach 10 Minuten ist D $\gtrsim$ H, nach 20 Minuten D > H, nach 2 Stunden ebenfalls D $\geq$ H (**).

2. Nach insgesamt 4 stündiger Belichtung (die letzte Stunde sehr schwaches Dämmerungslicht) wurde eine gleiche Probe gemischt. Nach 10 Minuten sehr deutlich $D \geq H$, ebenfalls nach 2 Stunden (**).

3. Nach zwei weiteren Stunden Belichtung durch einen Auerbrenner (insgesamt 6 Stunden schwache diffuse Belichtung) ergab eine weitere Probe ebenfalls nach 10 Minuten Stehen $D > H$ (**).

4. Nach insgesamt 32 Stunden Auerbelichtung ergab sich bereits nach 5 Minuten $D > H$ (*), nach 10 Minuten sehr deutlich $D \geq H$ (**).

5. Nach 56 Stunden ununterbrochener Auerbelichtung dagegen ergab sich $H > D$ (**). (Siehe hierüber § 34.)

Ich möchte bei diesem Versuch bemerken, daß gleichzeitig und unter vollständig gleichen Bedingungen auch Versuche mit frischen Extrakten angestellt wurden, welche sämtlich den Unterschied $H > D$ ergaben (siehe später Versuch 62 und 63).

Versuch 43 (P. IV. 73). Ein peroxydasenhaltiger Extrakt wurde dadurch hergestellt, daß ein Dytiscus, dessen Körperhöhle geöffnet und dessen Hämolymphe soweit als möglich ausgespült und zu einem andern Extrakt verwendet worden war, in Chloroformwasser mehrere Tage liegen gelassen wurde. Es ergab sich ein recht peroxydasenreicher Extrakt. (NB. Es zeigten auch noch zweite und dritte „Aufgüsse" deutliche Peroxydasenreaktionen.) Von diesem Extrakt wurde in ein verdunkeltes und in ein helles Röhrchen gegeben und mit Auerlicht belichtet:

H. 5 ccm W $+ 2$ Tr E $+ 2$ Tr Gu;
D. dasselbe.

Es wurde also die Guajactinktur zu Beginn des Versuchs den Extrakten zugefügt, und auf Grund der Versuche über die Bläuung des Guajacs in rein alkoholischer Lösung oder rein wässeriger Suspension sollte man erwarten, daß das belichtete Gemisch sich eher oder stärker blau färbte als das verdunkelte. Statt dessen wurde gerade das entgegengesetzte Resultat erhalten: bereits nach 10 Minuten war D deutlich blauer als H, welch letzteres eine mehr gelbgrünliche Farbe zeigte. Der Unterschied blieb derselbe während zirka der nächsten 3 Stunden (**); nach 15 Stunden Belichtung war dagegen kaum noch ein Unterschied zwischen beiden Lösungen festzustellen (**).

Versuch 44 und 45 (P. IV. 71 und 72). Ein ca. 40 Stunden alter, sehr konzentrierter Hämolymphe-Extrakt von Dytiscus wurde in folgender Weise mit Wasser und Guajac gemischt und sodann mit Auerlicht belichtet:

1. H. 5 ccm W $+ 1$ Tr E $+ 2$ Tr Gu;
D. dasselbe.
II. H. 5 ccm W $+ 2$ Tr E $+ 2$ Tr Gu;
D. dasselbe

Alle vier Versuchsgläser wurden unter ganz gleichen Bedingungen belichtet.

I. Nach 10 Minuten kaum ein Unterschied, nach 15 Minuten jedoch D deutlich blauer als H, welch letzteres einen mehr gelblichgrünen

Ton hat. Der Unterschied bleibt während einer Stunde Belichtung deutlich derselbe, wird ev. noch stärker (**).

II. Bereits nach 5 Minuten erscheint D ein wenig dunkler als H. Nach 15 Minuten D ganz ausgesprochen dunkler und blauer als H. Unterschied bleibt während einer Stunde Belichtung (**).

Nach 15 Stunden Belichtung waren in allen vier Gefäßen die Unterschiede verwischt.

Ich habe diese letzten drei Versuche, in welchen schon zu Beginn der Belichtung Guajac zugesetzt worden war, darum hier an Stelle weiterer Versuche mit nachträglicher Guajacprobe angeführt, weil sie mir besonders drastisch das Verhalten alter Extrakte bei schwacher Belichtung zu illustrieren scheinen. Daß einerseits reine Guajaclösung oder Suspension sich stets bei Belichtung stärker bläut als im Dunkeln sowie daß andrerseits zu Beginn der Belichtung mit Guajac versetzte frische und stark belichtete Extrakte ebenfalls im Licht viel schneller sich färben, davon habe ich mich durch sehr zahlreiche Versuche, deren Beschreibung hier zu weit führen würde, überzeugt. — Des weiteren zeigen die in diesem Paragraphen beschriebenen Versuche, daß in der Tat alte sowie konzentriertere Extrakte nach schwacher oder kurzer Belichtung einen geringeren Peroxydasengehalt aufweisen als im Dunkeln gehaltene Lösungen. Gleichzeitig geht aber schon aus Versuch 40, 3 hervor, daß bei längerer, wenn auch schwacher Belichtung der Unterschied sich umkehrt. Ein weiterer Versuch hierfür ist der folgende; vielleicht noch überzeugendere werden im nächsten Paragraphen mitgeteilt werden.

Versuch 46 (P. IV. 98). Ein frischer Extrakt aus der Hämolymphe einer ausgewachsenen Cossus-Raupe wurde in ein verdunkeltes und in ein helles Röhrchen verteilt, beide im Wasserbad in die (schwache) Sonne gestellt. Es wurden stets gemischt

$$2 \text{ ccm E} + 1 \text{ ccm W} + 2 \text{ Tr Gu.}$$

1. Nach 4 Stunden schwacher Sonne ergab sich bei Guajaczusatz kaum ein Unterschied; H war indessen mehr grünlichblau, D hingegen mehr bräunlichgrün, aber dunkler gefärbt. Nach 24 Stunden war D $\gtrsim$ H (**), obschon der Unterschied ziemlich klein war.

2. Die Extrakte wurden weitere 24 Stunden stehengelassen und erhielten während dieser Zeit ca. 6 Stunden Sonne. Die Probe ergab sofort H > D. Dabei war H schwach violettblau, D viel gelblichgrüner gefärbt. Nach 24 Stunden H $\geq$ D (**); H viel blauer als D.

3. Nach weiteren 24 Stunden, während welcher ca. 5 Stunden Sonne waren, wurde eine weitere Probe angestellt. Sofort H $\geq$ D. H ist

violettblau, D mehr bräunlichgrün (**). Nach 24 Stunden derselbe Unterschied.

Versucht man diese Art der Lichtwirkung näher zu analysieren, so ist vor allem auf einen Umstand aufmerksam zu machen. Es handelt sich bei der relativen Verringerung des Peroxydasengehalts älterer Extrakte durch Belichtung nicht um eine direkte Zerstörung des Ferments, sondern vielmehr um eine Behinderung der natürlichen Vermehrung der Peroxydase, welche wahrscheinlich nur an die Gegenwart von Sauerstoff geknüpft ist. Denn wie bereits aus den in § 26 mitgeteilten Versuchen hervorgeht, findet sowohl im Hellen als auch im Dunkeln eine natürliche Vermehrung des Peroxydasengehalts statt, eine Vermehrung, die bei längerem Stehen auch in Gegenwart von Chloroform jedoch wieder einer Abnahme Platz macht. Dieses Absteigen findet nun, wie aus den Versuchen

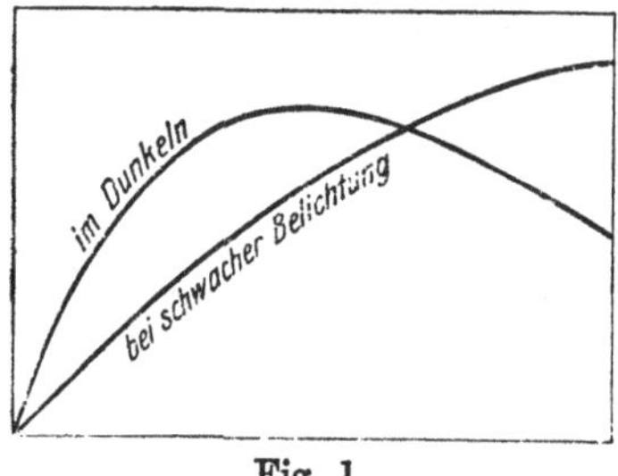

Fig. 1.

hervorgeht, bedeutend eher im Dunkeln als im Hellen statt, das Maximum des Peroxydasengehalts tritt also im Dunkeln viel früher ein. Auf der andern Seite zeigen die in § 29 beschriebenen Versuche, daß dieses Dunkelmaximum, verglichen mit dem entsprechenden Peroxydasengehalt schwach belichteter Extrakte, einen größeren absoluten Wert besitzt als diese. Die natürliche Vermehrung des Peroxydasengehalts findet also im Dunkeln schneller statt als bei schwacher Belichtung, vorausgesetzt, daß auch diese schwache Belichtung nicht zu lange dauert. Fig. 1 veranschaulicht schematisch dies Verhalten und gibt somit die bisherigen Resultate über den Einfluß der Belichtung auf den Peroxydasengehalt tierischer Extrakte in graphischer Form wieder.

Zur Technik der in § 29 beschriebenen Versuche sei noch hervorgehoben, daß die Zugabe des Guajacs sowie des H_2O_2 stets in der Reihenfolge geschah, welche für das Resultat D $>$ H ungünstig war, d. h. in der Reihenfolge H, D. Das Wasserstoffperoxyd wurde stets in ca. $\frac{m}{50}$ Lösung verwendet.

§ 30. Auch der Einfluß der Wellenlänge des Lichtes ergab bei schwacher Belichtung usw. Resultate, welche den im vorigen Paragraphen beschriebenen entsprechen.

Versuch 47 (P. III. 33). Ein ca. 1 Tag alter Extrakt aus dem Darminhalt hungernder Mehlwürmer wurde in vier Versuchsgläser verteilt, welche in der oben beschriebenen Weise hergerichtet worden waren. Sämtliche Gefäße wurden im Wasserbad etwa 10 Stunden lang von diffusem Tageslicht (April) belichtet. Hierauf wurden gemischt je

2 ccm E + 2 ccm W + 2 Tr Gu.

Leider verunglückte hierbei die Probe für den „Violett"-Versuch. Reihenfolge des Guajaczusatzes: H, D, G, V. Sofort erscheint G am dunkelsten, dann D und schließlich A, welch letzteres im Gegensatz zu der ziemlich rein blaugrünen Färbung von G und D einen mehr bräunlichgrünen Farbton hat. Nach Verdünnung mit Chloroformwasser und einstündigem Stehen sehr deutlich $G \geq D \geq H$ (**).

Versuch 47 (P. N. 40). Ein Extrakt aus dem Darminhalt hungernder Mehlwürmer, welcher 1 Tag in diffusem schwachem Lichte gestanden hatte, wurde in entsprechende vier Versuchsröhren verteilt, die Röhren darauf in ein großes ca. 5 Liter fassendes Wasserbad gebracht und 21 Stunden auf dem Laboratoriumstisch (in der Nähe eines nach Osten gehenden Fensters) belassen. Die Röhren wurden ca. 8 Stunden von schwachem diffusem Lichte (Ende November) getroffen. Das Licht hatte bei diesem (wie übrigens auch bei allen anderen Versuchen) drei Glaswände und drei Flüssigkeitsschichten, von denen die äußerste hier ca. 20 cm dick war, zu durchstrahlen. Es wurden darauf gemischt je

2 ccm E + 2 Tr Gu + 2 ccm H_2O_2.

Nach einer halben Stunde war die Reihenfolge $D > H > V > G$, nach einer Stunde $D > V > G > H$ (**). Reihenfolge des Guajac- und H_2O_2-Zusatzes H, D, G, V.

Versuch 48 (P. N. 44). Ein frischer Darmextrakt hungernder Mehlwürmer wurde bei gleicher Versuchsanordnung 14 Stunden lang von Auerlicht belichtet. Die Belichtung war also abgesehen von der längeren Belichtungsdauer wesentlich schwächer als die in vorigem Versuch. Es wurden gemischt je

2 ccm E + 2 Tr Gu + 2 ccm H_2O_2.

Reihenfolge des Guajac- und H_2O_2-Zusatzes: H, D, G, V. Sofort ergab sich sehr deutlich: $G \geq D \geq H > V$ (**). Auch nach ca. 1 Stunde war die Reihenfolge dieselbe. Der Farbton der Gemische wies insofern auch Verschiedenheiten auf, als das ziemlich reine Blau von G und D bei H und V einem Blaugrün Platz machte.

Versuch 49 (P. N. 45). Zu gleicher Zeit wurde aus den in Versuch 48 benutzten Extrakten eine weitere Probe ohne H_2O_2-Zusatz angestellt. Reihenfolge des Guajaczusatzes wieder $H > D > G > V$. Sofort $G > D > H > V$; alle Gemische schwach gelblichgrün. Nach 1 Stunde: $G > D > V > H$; alle Gemische intensiv grün. Nach $1^1/_2$ Stunde: $G > D > V \sim H$ (**).

Es sei schon hier bemerkt, daß dieselben Extrakte, nachdem sie weiterhin zweimal je 8 Stunden diffusem Tageslicht ausgesetzt gewesen waren, 10 Minuten nach der Mischung die Reihenfolge ergaben: $V > H \geq D > G$, und zwar mit ganz ungewöhnlich großen Unterschieden. (Siehe Versuch 76.)

Aus den bisher geschilderten Versuchen über den Einfluß der Wellenlänge des Lichtes auf den Peroxydasengehalt tierischer Extrakte lassen sich im einzelnen noch nicht Gesetzmäßigkeiten ableiten, da, abgesehen von deren Unterschied $D > H$ die Reihenfolge von G und V eine ziemlich unregelmäßige ist, wenn schon nicht zu verkennen ist, daß G häufiger eine stärkere Färbung ergab als V, ja bei Versuch 48, 49 sogar am weitesten links, V dagegen am weitesten rechts steht. Dies Verhalten würde der Ähnlichkeit der Wirkungen von D und G auf der einen, H und V auf der andern Seite entsprechen, wie wir sie bei den Versuchen über die Lichtempfindlichkeit der Katalase fanden und wie sie auch für die phototropischen Wirkungen charakteristisch ist. Eine genauere Analyse indessen der Wellenlängeneinflüsse war nur möglich durch eine Serie von Beobachtungen, welche sich auf längere Versuchszeiten erstreckten. Außerdem wählte ich als Lichtquelle künstliches Licht (Auerlicht), welches einigermaßen konstant ist. Die folgenden Versuche sind zwei derartige Beobachtungsserien.

Versuch 50 (P. N. 49). Es wurde ein frischer Extrakt aus dem Darminhalt hungernder Mehlwürmer hergestellt und in die entsprechend hergerichteten Versuchsgefäße verteilt. Großes Wasserbad; Auerlicht. Es wurden stets gemischt

$$1 \text{ ccm E} + 2 \text{ ccm W} + 1 \text{ Tr Gu} + 1 \text{ ccm } H_2O_2.$$

Reihenfolge des Guajac- und H_2O_2-Zusatzes stets normal, d. h. H, D, G, V.

1. 1 Stunde Belichtung. Nach 5 Minuten $D \geq H \sim G > V$; nach 25 Minuten $D > H > G > V$ (*).

2. 2 Stunden Belichtung. Nach 10 Minuten $D \gtrsim H > V > G$; nach 20 Minuten $D > H > V \gtrsim G$. Nach 16 Stunden jedoch $D > H > G > V$. Alle Proben unter 2 sind nach 20 Minuten deutlich blauer als die unter 1 (**).

3. 3 Stunden Belichtung. Sofort D am dunkelsten, V am hellsten. Nach 10 Minuten $D > H > G \gtrsim V$ Dieselbe Reihenfolge nach 20 Minuten. Nach 16 Stunden $D > H > G > V$ (*).

4. $17^1/_2$ Stunden Belichtung. Es ist bemerkenswert, daß alle vier Lösungen sehr gleichmäßig blau gefärbt sind, so daß während der ersten 15 Minuten kaum ein Unterschied wahrgenommen werden kann.

Nach 15 Minuten $D \gtrsim G \gtrsim H \gtrsim V$. Abgesehen von $D > V$ sind die Unterschiede sehr gering. Nach 30 Minuten $G \gtrsim D > H > V$; nach 9 Stunden ebenfalls: $G > D \sim H > V$ (**).

5. 26 Stunden Belichtung. Nach 5 Minuten $G \geq V \geq D \gtrsim H$; sehr kräftige Unterschiede. Nach 10 Minuten $G \geq V \geq H > D$; nach 20 Minuten $G \geq H \gtrsim V \geq D$; nach 40 Minuten $G > H > V \geq D$. Nach 15 Stunden $G > H > V > D$. H und auch D sind grüner als V und G (**).

6. $41^1/_2$ Stunden Belichtung, Nach 5 Minuten $V \geq H \gtrsim D \geq G$; nach 10 Minuten $H \sim V \geq D \geq G$; nach 20 Minuten $H \geq V \sim D \geq G$. Nach 4 Stundon $H \geq V \sim D > G$ (**).

7. 56 Stunden Belichtung. Nach 10 Minuten $V > H \gtrsim G \geq D$; nach 20 Minuten $V > H \gtrsim G \geq D$; nach 30 Minuten $H \gtrsim V > G \geq D$ (**). Bleibt so während der nächsten Stunden.

Versuch 51 (P. N. 52). Ein ca. 3 Tage alter Extrakt aus dem Darminhalt hungernder Mehlwürmer wurde verwendet. Großes Wasserbad; Auerlicht. Es wurden stets gemischt

$$1 \text{ ccm } E + 2 \text{ ccm } W + 1 \text{ Tr Gu} + 1 \text{ ccm } H_2O_2.$$

Reihenfolge des Guajac- und H_2O_2-Zusatzes stets normal.

1. 17 Stunden Belichtung. Nach 5 Minuten $D \gtrsim G \geq V \geq H$; nach 10 Minuten $D > G > V > H$. Bleibt so wahrend der nächsten Stunden (*).

2. 42 Stunden Belichtung. Nach 10 Minuten deutlich $V \geq G \sim D > H$; nach 20 Minuten $V > D \sim H \gtrsim G$; nach 30 Minuten $V > D \sim H \gtrsim G$. Nach $2^1/_2$ Stunden dasselbe (*).

3. 48 Stunden Belichtung. Nach 10 Minuten $V \geq H > G > D$; nach 20 Minuten $V > H \sim G > D$; nach 30 Minuten $V > H \sim G \gtrsim D$ (*). Nach 24 Stunden Stehen im Dunkeln jedoch deutlich $V > H > D > G$ (**). Auch noch nach 48 Stunden außerordentlich deutlich (*).

4. Nach 72 Stunden Belichtung. Nach Guajaczusatz (zunächst ohne H_2O_2) sofort $V > H \geq D \geq G$ in bezug auf Dunkelheit (*). Nach H_2O_2-Zusatz nach 20 Minuten $V > G > D > H$ (?) (*). Nach 20 Stunden Stehen dagegen sehr ausgesprochen $V > H \geq D > G$ (**).

Tabelle 33 gibt die Resultate dieser zwei Versuche in Tabellenform. Es sind dabei diejenigen Ergebnisse gewählt, welche erhalten wurden, nachdem die Guajacproben längere Zeit im Dunkeln gestanden hatten. Wie oft bemerkt wurde und übrigens aus den wiedergegebenen Versuchsprotokollen hervorgeht, ist oft noch während der ersten halben Stunde der Einfluß der Reihenfolge des Guajac- und H_2O_2-Zusatzes zu bemerken, so daß erst nach längerem Stehen konstante Unterschiede erhalten werden.

Tabelle 33.

Frischer Extrakt		3 Tage alter Extrakt	
Belichtungsdauer in Stunden	Intensität der Färbung	Belichtungsdauer in Stunden	Intensität der Färbung
1	$D > H > G > V$		
2	$D > H > V \gtrsim G$		
3	$D > H > G > V$		
$17^1/_2$	$G > D \sim H > V$	17	$D > G > V > H$
26	$G > H > V > D$		
$41^1/_2$	$H \geq V \sim D > G$	42	$V > D \sim H \gtrsim G$
56	$H \gtrsim V > G \geq D$	48	$V > H > D > G$
		72	$V > H \geq D > G$

Trotz einiger Unregelmäßigkeiten im einzelnen zeigen beide Versuchsreihen folgende Gesetzmäßigkeiten.

Während der ersten Zeit der Belichtung besteht regelmäßig der schon in den früher beschriebenen Versuchen gefunden Unterschied $D > H$. Beim frischen Extrakt wird nach $17^1/_2$ Stunden der Unterschied fraglich und hat sich nach 26 Stunden zu $H > D$ umgekehrt. Beim alten Extrakt dagegen wird der Unterschied $D > H$ erst nach 42 Stunden fraglich und wandelt sich erst bei 48 Stunden in den entgegengesetzten $H > D$ um. Es ergibt sich also auch aus diesen mit sehr schwacher Belichtung angestellten, lange dauernden Versuchen, daß die „negative" Lichtwirkung viel länger bei alten als bei frischen Extrakten andauert.

Weiterhin zeigt sich, daß während der ersten 3 (wahrscheinlich auch während der ersten 5 bis 10) Stunden D und H eine Sonderstellung einnehmen insofern, als sich hier die Peroxydase stärker vermehrt als unter farbigem Lichte. Daß unter allen Belichtungsbedingungen eine Vermehrung des Peroxydasengehalts der Extrakte stattfindet, geht daraus hervor, daß sämtliche Extrakte nach 2 Stunden eine stärkere Reaktion ergaben als nach 1 Stunde.

Nach 14 bis $17^1/_2$ Stunden zeigt sich übereinstimmend in allen Versuchen (siehe auch Versuch 47 und 48) eine Trennung derart, daß diejenigen Belichtungsbedingungen, welche sich bei den Katalaseversuchen als gleichartig erwiesen haben, sich auch

hier zusammengruppieren. Auf der einen Seite finden wir D
und G, auf der andern H und V. Dabei findet unter D und
G eine stärkere Peroxydasenvermehrung statt als bei H und V.

Nach ca. 26 stündiger Belichtung findet nun eine komplizierte Verschiebung statt insofern, als G und D nach rechts
verschoben werden, resp. V und H nach links vorrücken. Bei
den Versuchen mit frischen Extrakten (48, 49 und 50) bleibt
stets G am weitesten links, wahrend D zuerst abfällt, d. h.
es findet hier unter G die stärkste Vermehrung resp. die ge-
ringste gleichzeitige Zerstörung statt. Bei den Versuchen mit
alten Extrakten findet sich einmal G > D, und einmal D > G.
— Bei den frischen Extrakten findet diese Verschiebung zwischen 26 und 41$^1/_2$ Stunden Belichtung statt, bei den alten ist

sie dagegen nach 42
Stunden noch nicht,
sondern erst nach 48
Stunden vollendet. Nach
dieser Zeit hat die „po-
sitive“ Wirkung der
Belichtung die Ober-
hand, wie sie dies bei
intensiverem Licht so-

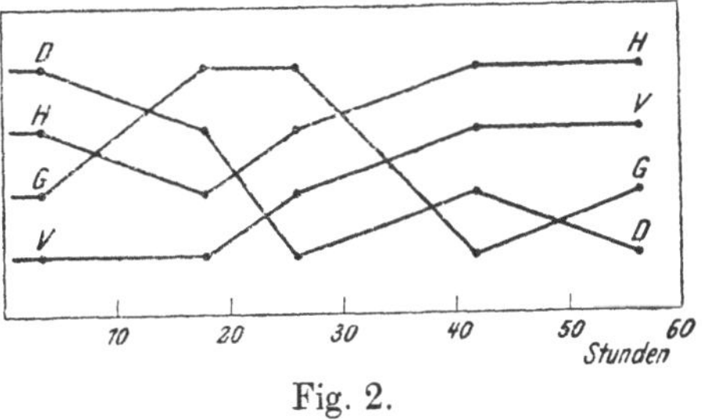

Fig. 2.

fort zu tun pflegt, ein Verhalten, das weiter unten geschildert
werden wird.

Eine graphische Darstellung dieser Resultate zeigen Fig. 2
und 3. In Fig. 2, welche die Veränderungen frischer Extrakte
darstellt, gehen H und V einigermaßen parallel, während G
ganz abweichend ein Maximum, D dagegen ein Minimum hat.
Dies Verhalten ist nicht nur bei dem graphisch dargestellten
Versuch zu beobachten, sondern findet sich vielmehr auch in
den unabhängigen Versuchen 46, 48, 49 insofern, als auch hier
in den Zeiten 10 und 14 Stunden G > D ist. Es durchkreuzen
sich mit andern Worten die Kurven für G und D bei frischen
Extrakten.

Bei alten Extrakten (Fig. 3) gehen hingegen die zugeordneten Belichtungsbedingungen H und V sowie D und G
unter sich parallel und schneiden sich deutlich paarweise.
Auch hier ist das Verhalten nicht nur für einen Versuch charakteristisch, sondern auch in Versuch 47, bei welchem natür-

liches diffuses Licht, welches zweifellos stärker war als das
Auerlicht, verwendet wurde, ergab sich die Reihenfolge
$D > V > G > H$. Diese Reihenfolge würde aber vollständig
dem durch die gestrichelte Senkrechte in Fig. 3 bezeichneten
Schnitt durch alle vier Kurven entsprechen, vorausgesetzt, daß
die Überschneidung der Kurven etwas weiter nach links, d. h.
an einen früheren Zeitpunkt verlegt werden könnte. Diese
Annahme ist aber insofern durchaus zulässig, als das natürliche diffuse, in Ver-
such 47 verwandte
Licht zweifellos heller
war als Auerlicht, die
Überschneidung der
Kurven oder, was
das gleiche bedeutet,
das Überhandnehmen
der „positiven" Licht-

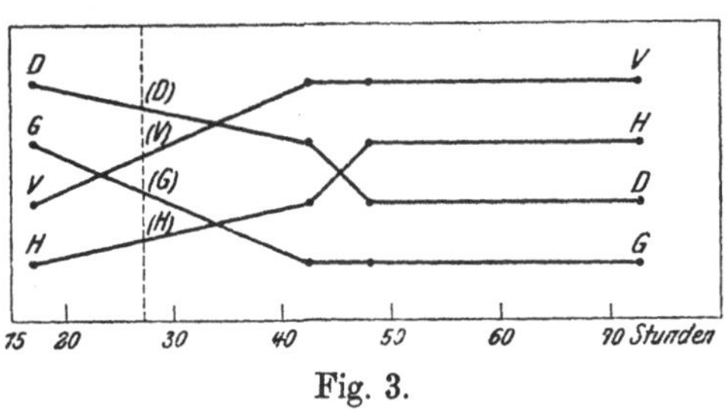

Fig. 3.

wirkung über die „negative", bei größerer Lichtintensität aber
gemäß den obigen und noch zu beschreibenden Versuchen
schneller vor sich geht.

§ 31. Über die nähere chemische Natur dieser mannigfaltigen „negativen" Lichtwirkungen auf frische und alte Per-
oxydaselösungen bin ich einstweilen nicht imstande, irgend-
welche sichere Vermutungen anzustellen. Das einzige, was sich
nach vielfachen Versuchen mit Sicherheit resp. Reproduzierbar-
keit ergeben hat, ist die Tatsache, daß diese negativen Wirkungen nur bei schwachen Lichtintensitäten stattfinden, bei
stärkeren, wie aus den nächsten Paragraphen hervorgehen wird,
jedoch entweder nur in den ersten Minuten eine Rolle spielen
oder aber überhaupt wegfallen. Offenbar können bei schwachen
Lichtintensitäten noch chemische Vorgänge hervortreten und
die „negativen" Lichtwirkungen ermöglichen, die bei stärkerer
Intensität ausgeschlossen sind. Welcher Natur diese ersteren
Vorgänge sind, darüber haben erst weitere Untersuchungen Auf-
klärung zu bringen.

Ferner erinnert dies Verhalten der Peroxydasenextrakte
bei schwacher Belichtung an die kurze anfängliche Vermehrung
des Katalasengehaltes lebender Porthesiaräupchen. Indessen ist
für dieses Anwachsen, wie oben erörtert wurde, zweifellos zum

größeren Teile die Erhöhung der Temperatur, die zuweilen fast
10^0 betrug, verantwortlich zu machen. Dieser letztere Umstand kommt hier indessen nicht in Betracht, da die verwendeten Tiere nicht wie die Porthesiaräupchen im Kalten, sondern bei derselben Temperatur gehalten wurden wie die Extrakte selbst. Auch die eventuelle geringe Temperaturerhöhung
durch anhaltende Belichtung, die aber durch ein großes Wasserbad und Wasserwechsel äußerst eingeschränkt worden war,
kann kaum hier eine Rolle spielen, namentlich wenn man be-
denkt, daß bekanntlich der Temperaturkoeffizient photochemi-
scher Reaktionen meist kleiner als der normale rein chemische
ist. Dieser Schluß ist selbst dann noch gültig, wenn man annimmt, daß für monochromatisches Licht entsprechend den
oben angeführten Versuchen von Trautz und Thomas der
photochemische Temperaturkoeffizient wieder einen normalen
Wert erreicht.

§ 32. Zusammenfassung. Die wichtigsten Resultate der
in § 29, 30 und 31 geschilderten Versuche sind folgende.

Bei geringen Intensitäten (schwaches diffuses natürliches
Licht und Auerlicht) übt das Licht Wirkungen aus, welche die
natürliche Vermehrung peroxydasehaltiger Extrakte in Gegenwart von Sauerstoff hindern. Diese „negativen" Lichtwirkungen sind stärker bei alten 'und konzentrierten Extrakten als bei frischen und verdünnteren, resp. dauern
länger bei ersteren als bei letzteren. (Bei längerer Versuchsdauer findet eine Umkehrung der „negativen" zu „positiven"
Lichtwirkungen statt, welch letztere in den folgenden Paragraphen behandelt werden. Frische Extrakte zeigen diese
Umkehr nach kürzerer Belichtung als alle.) Wie aus speziellen Versuchen (siehe auch § 26) hervorgeht, handelt es sich
bei diesen „negativen" Lichtwirkungen nicht um eine Zerstörung der Peroxydase, sondern um eine Verlangsamung
derjenigen Reaktionen, welche bei Gegenwart von Sauerstoff zu
einer Vermehrung der Peroxydase führen (Fig. 1).

Der „negative" Einfluß der Wellenlänge des Lichts bei
schwachen Intensitäten ist ebenfalls von der Belichtungsdauer abhängig, indem bei längerer Belichtung ebenfalls „positive" Lichtwirkungen an Stelle der „negativen" treten. Während der ersten Belichtungsstunden (Auerlicht) hinderte gelbes

und violettes Licht noch stärker als gemischtes. Hierauf
begünstigt in späteren Stadien gelbes Licht stärker die Peroxydasenbildung als violettes, ja bei frischen Extrakten sogar stärker als Dunkelheit und gemischtes Licht. Früher bei
frischen als bei alten Extrakten werden sodann die Einflüsse
farbigen Lichtes einander entgegengesetzt, insofern als Violett
wie gemischtes Licht fördernde „positive" Wirkungen, Gelb dagegen wie Dunkelheit hindernde oder „negative" Wirkungen
auf den Peroxydasengehalt der Extrakte ausübt. Nähere Einzelheiten dieser ziemlich komplizierten Verhältnisse sind in den
beschriebenen Versuchen einzusehen. (Hierzu Fig. 2 und 3.)
— Es werden einige Einwände gegen die Eindeutigkeit dieser
Resultate, fernerhin einige sehr allgemeine Vermutungen über
die chemische Natur der negativen Lichtwirkungen erörtert.

§ 33. In den folgenden Paragraphen soll über Versuche
berichtet werden, welche entweder mit direktem Sonnenlicht
oder doch mit hellem diffusem Tageslicht angestellt worden
sind. Diese Versuche ergaben nur Resultate, welche schon in
den vorigen Paragraphen angedeutet und als „positive" Lichtwirkungen bezeichnet wurden. Da ich im Anfang dieser Untersuchung fast ausschließlich mit direktem Sonnenlicht arbeitete,
wurde ich mit diesen Wirkungen des Lichts zuerst bekannt,
und hielt sie zunächst für die einzigen oder doch reproduzier-
baren, bis mehrere Versuche mit unerwarteten Resultaten mich
die bisher beschriebenen „negativen" Lichtwirkungen kennen
lehrten.

Diese „positiven" Lichtwirkungen bestehen darin, daß Extrakte nach intensiver, allerdings nicht beliebig langer Belichtung einen größeren Peroxydasengehalt zeigten als unter gleichen Bedingungen gehaltene, aber verdunkelte Extrakte. Schon
im vorigen Paragraphen wurden sodann einige Versuche angeführt, welche zeigten, daß auch bei schwächerer Belichtung
„positive" Lichtwirkungen auftreten, vorausgesetzt, daß die
Belichtung lange genug dauerte.

Einige Versuche über die Wirkung direkten Sonnen- oder
sehr hellen diffusen Lichtes sind im folgenden beschrieben, wobei die Auswahl so getroffen wurde, daß für möglichst verschiedene Extrakte und Bedingungen Beispiele gegeben wurden.
Ich beginne mit einem orientierenden Versuch.

Versuch 52 (P. IV. 86). Ein frischer Extrakt aus dem Darm eines hungernden, überwinternden Dytiscus wurde in ein verdunkeltes und in zwei helle Röhrchen gegeben. Das eine der hellen Röhrchen (S) wurde zusammen mit dem verdunkelten (D) im Wasserbad an einen Platz gestellt, der während zweier Tage täglich ungefähr 6 Stunden von der Sonne beschienen wurde. Das zweite helle Röhrchen (H) wurde ebenfalls in ein Wasserbad getan, aber an eine Stelle des Zimmers gestellt, welche zwar ebenfalls am Fenster lag, nie jedoch von direkter Sonne getroffen wurde (März). Nach zweitägigem Stehen wurde gemischt je

$$2 \text{ ccm E} + 1 \text{ ccm W} + 2 \text{ Tr Gu.}$$

Nach kurzer Zeit ergab sich $S > H > D$; diese Reihenfolge blieb auch nach 48stündigem Stehen dieselbe. Bemerkenswerterweise war D viel grüner gefärbt als S und H (*).

Versuch 53 (P. IV. 79). Ein frischer Extrakt aus dem Darminhalt eines überwinternden, hungernden Hydrophilus wurde in ein verdunkeltes und in ein helles Gefäß gegeben, beide Gefäße wurden im Wasserbad der ziemlich kräftigen Sonne (März) ausgesetzt. Es wurden stets gemischt

$$2 \text{ ccm E} + 2 \text{ Tr Gu.}$$

1. Nach 30 Minuten wurde die erste Probe angestellt. Sofort ergab sich $H > D$, wenn schon der Unterschied nicht sehr groß war (**). Unterschied bleibt in den nächsten Stunden.

2. Nach insgesamt 4 Stunden Belichtung, von denen allerdings nur $2^1/_2$ Sonne waren, wurde eine zweite Probe angestellt, ebenfalls mit dem Resultat $H > D$ (*).

3. Nach 24 Stunden, während welchen die Extrakte ca. 3 Stunden Sonne und 7 Stunden diffuser Belichtung ausgesetzt gewesen waren, ergab eine dritte Probe wiederum $H \geq D$ (*). Dieser letzte Unterschied war viel schlagender als die vorhergehenden.

Versuch 54 (P. N. 30). Ein frischer Dytiscus-Hämolymphe-Extrakt wurde teilweise verdunkelt, teilweise belichtet. Sonne. Es wurden gemischt

$$1 \text{ ccm E} + 2 \text{ ccm } H_2O_2 + 2 \text{ Tr Gu.}$$

Nach fünf Minuten Belichtung ergab sich sofort $H > D$ (**). H ist bedeutend grüner und dunkler als D. Unterschied bleibt nach 1 Stunde.

Versuch 55 (P. N. 32). Derselbe Extrakt wurde 4 Stunden später in zwei Röhrchen verteilt, welche mit Auerlicht beleuchtet wurden. Es wurden gemischt

$$1 \text{ ccm E} + 2 \text{ ccm } H_2O_2 + 2 \text{ Tr Gu.}$$

Nach fünf Stunden Belichtung ergab die Probe auch nach 15 Minuten Stehen kaum einen Unterschied; höchstens erscheint H sehr wenig grüner als D (**). Nach ca. 1 Std. $H \gtrsim D$ (?).

Versuch 56 (P. N. 33). Ein anderer frischer Dytiscus-Extrakt wurde in ein verdunkeltes und in ein helles Röhrchen gegeben und beide im Wasserbad in die kräftige Sonne gestellt. Es wurden gemischt

$$1 \text{ ccm E} + 1 \text{ ccm } H_2O_2 + 1 \text{ Tr Gu.}$$

Nach **fünf Minuten** ergibt die Probe wiederum $H > D$ (**). Der Unterschied ist zwar nicht übermäßig groß, doch vollkommen eindeutig: H grüner und dunkler als D. Nach 6 Stunden Stehen im Dunkeln prachtvoller Unterschied $H \geq D$ (***).

Versuch 57 (P. N. 36). Von dem in Versuch 57 benutzten Extrakt wurde eine größere Menge in zwei Kölbchen verteilt, so, daß der Extrakt eine große Oberfläche besaß. Eins der Röhrchen wurde mehrmals dicht mit Stanniol umwickelt, beide verkorkt, mit einigen Tropfen Chloroform versetzt und im Wasserbad zwei Tage lang belichtet. Die Gefäße waren während dieser Zeit insgesamt ca. 10 Stunden Sonne ausgesetzt. Es wurden gemischt

$$1 \text{ ccm } E + 1 \text{ ccm } H_2O_2 + 1 \text{ Tr Gu.}$$

Nach 15 Minuten war zunächst kaum ein Unserschied festzustellen, namentlich da beide Gemische ziemlich blau waren (**). Nach 25 Minuten jedoch deutlich $H > D$. Nach ca. 1 Stunde prachtvoller Unterschied $H \geq D$ (***); H ganz tief undurchsichtig dunkelblau, während D durchscheinend hell grünblau ist. **Einer der größten von mir beobachtetenn Unterschiede.**

Versuch 58 (VI. 16). Ein „Normalextrakt" von im Dunkeln und Kühlen gehaltenen Porthesia-Räupchen wurde in ein verdunkeltes und in ein helles Röhrchen gegeben. Die Röhrchen wurden im Wasserbad zirka **eine Woche** lang dem hellen, diffusen Lichte (einschließlich vielleicht 4 Stunden Sonne) ausgesetzt. Hierauf wurden gemischt je

$$2 \text{ ccm } E + 2 \text{ Tr Gu.}$$

Die Proben standen über Nacht, da sofort weder eine Färbung noch ein zweifelsfreier Unterschied nachzuweisen war. Am nächsten Morgen war ein außerordentlich kräftiger Unterschied $H \geq D$ (**) zu bemerken. Nach 3 Tagen, während welchen die Proben schwachem diffusem Tageslicht ausgesetzt gewesen waren, waren beide Proben stark verblichen, dabei aber H stärker als D, so daß $D > H$ war (*). Siehe hierzu § 36.

Versuch 59 (VI. 5). Es wurde ein „Normalextrakt" aus **getrockneten** Porthesia-Räupchen hergestellt, ein Teil derselben verdunkelt, ein anderer belichtet. Beide Röhrchen wurden im Wasserbad 5 Tage lang belichtet, wobei sie fast täglich ca. 6 Stunden direktes Sonnenlicht erhielten. Es wurden gemischt je

$$2 \text{ ccm } E + 2 \text{ ccm } W + 2 \text{ Tr Gu.}$$

Nach 5 Minuten erscheint H etwas (wenig) bläulicher als D (*); D ist dabei mehr bräunlichgrün. Beide Proben wurden sodann in die Sonne gestellt (vergleiche hierzu § 37). Bereits nach 10 Minuten $H \geq D$ (**); D grünlichgelber als H, welches blaugrün ist. Nach einer Stunde sehr kräftiger Unterschied $H \geq D$ (**); H stark dunkelblau, D schwach gelblichgrün. Nach 24 Stunden Unterschied $H > D$ (**) immer noch sehr deutlich, obgleich H sichtlich auszubleichen beginnt.

Versuch 60 (P. N. 9). Es wurde ein Extrakt aus getrockneten Porthesiaräupchen hergestellt, in ein verdunkeltes und in ein helles Röhrchen verteilt und im Wasserbad in die ziemlich schwache Sonne gestellt. Es wurden nach 3 Stunden Sonne gemischt je

$$2 \text{ ccm } E + 1 \text{ ccm } H_2O_2 + 2 \text{ Tr Gu.}$$

Nach 20 Minuten waren beide Extrakte noch gelblichbraun, indessen hatte H deutlich eine leise Grünfärbung. Nach zirka einer Stunde H > D, d. h. sowohl grüner als dunkler. D ließ kaum eine Spur von Grün erkennen (*).

Versuch 61 (P. N. 39). In diesem wie in den folgenden Versuchen wurden Extrakte aus dem Darminhalt hungernder Mehlwürmer verwendet („Mehlwurm-Extrakt"). Ein frischer Extrakt wurde während 28 Stunden mit 2 Stunden direkte, kräftige Sonne (November) und ca. 9 Stunden diffusem, aber ebenfalls starkem Tageslicht belichtet. Es wurden gemischt zunächst je

$$2 \text{ ccm } E + 2 \text{ ccm } W + 2 \text{ Tr Gu.}$$

Sofort war H tief grünblau, während D gelblichbräunlich und milchig war. Hierauf wurde zu jedem Gemisch 1 ccm H_2O_2 zugesetzt. Sofort außerordentlich starker Unterschied: H ≥ D. H tiefblau, D nur grünlich (**).

Versuch 62 (P. N. 47). Untersucht wurde ein anderer frischer Mehlwurmextrakt in hellem diffusem Licht. Gemischt wurden immer je

$$2 \text{ ccm } E + 1 \text{ Tr Gu} + 1 \text{ ccm } H_2O_2.$$

1. Nach 1 Stunde Sonne. Sofort H ≥ D; sehr kräftiger Unterschied (**).

2. Nach $1^1/_2$ Stunde Sonne. Nach 10 Minuten ebenfalls deutlich H > D (**).

3. Nach weiteren 25 Stunden, während welchen die Extrakte ca. 8 Stunden hellem diffusem Tageslicht ausgesetzt gewesen waren, wurde eine weitere Probe angestellt. Nach 10 Minuten beide Gemische kräftig blau, aber deutlich H > D (*).

4. Nach weiteren 24 Stunden, während welchen die Extrakte zirka 7 Stunden hellem diffusem Tageslicht und ca. 1 Stunde schwacher Sonne ausgesetzt gewesen waren, ergab eine Probe nach 5 Minuten D ∽ H, nach 10 Minuten jedoch H > D, nach 20 Minuten sehr deutlich H ≥ D (**).

Versuch 63 (P. N. 46). Gleichzeitig mit Versuch 60, und unter denselben Belichtungs- usw. Bedingungen wurde ein Versuch mit einem ca. 2 Tage alten Mehlwurmextrakte angestellt.

1. Nach 1 Stunde Sonne. Nach 10 Minuten sehr geringer Unterschied, vielleicht H ⪦ D. Nach 20 Minuten H ⪦ D (**).

2. Nach $1^1/_2$ Stunden Sonne. Sofort H ⪦ D. Nach 20 Minuten sehr deutlich H > D (**).

3. Nach weiteren 25 Stunden unter denselben Belichtungsbedingungen wie 60, 3 ergab die Probe nach 10 Minuten H > D (*).

4. Nach weiteren 24 Stunden unter denselben Belichtungsbedingungen wie 60, 3 ergab sich nach 5 Minuten D > H, deutlich (**). Nach zehn Minuten aber H ∽ D und nach 20 Minuten sehr deutlich H ≥ D (**).

Die Ursache für die Umkehr des anfänglichen Unterschieds nach 10 bis 20 Minuten in Versuch 60 und 61, 4, liegt darin, daß hier wie in allen in § 31 geschilderten Versuchen der Guajac- und H_2O_2-Zusatz in der Reihenfolge D, H geschah.

Weiterhin ist zu Versuch 60 und 61 hinzuzufügen, daß alle Unterschiede in Versuch 60 (mit frischem Extrakt) deutlicher waren als in Versuch 61 (mit altem Extrakt).

Versuch 64 (P. N. 53). Ein frischer Mehlwurmextrakt wurde in helles diffuses Tageslicht gestellt. Es wurden gemischt je

$$1 \text{ ccm } E + 1 \text{ ccm } W + 1 \text{ Tr } Gu + 1 \text{ ccm } H_2O_2.$$

1. Nach 1 Stunde Belichtung. Sofort deutlich $H > D$, nach zehn Minuten $H \geq D$, nach 4 Stunden dasselbe (*).

2. Nach weiteren 3 Stunden schwacher, diffuser, natürlicher und 2 Stunden Belichtung durch einen Auerbrenner ergab sich sofort $H \geq D$ (*). Derselbe Unterschied war auch nach 20 Minuten und auch noch nach 24 Stunden vorhanden (**).

3. Nach weiteren 26 Stunden ununterbrochener Belichtung mit Auerlicht ergab sich: nach 5 Minuten $H \gtrless D$, nach 10 Minuten und später $H > D$ (**).

Versuch 65 (P. N. 54). Derselbe Extrakt. welcher in Versuch 62 untersucht wurde, wurde ca. auf $^1/_5$ verdünnt und unter ganz gleichen Bedingungen in demselben Wasserbad gleichzeitig mit den in Versuch 62 verwendeten Extrakten belichtet. (NB. wurde ebenfalls gleichzeitig Versuch 42 [§ 29] mit altem Extrakt, welcher bei denselben Bedingungen den Unterschied $D > H$ ergab, angestellt.) Proben wurden gleichzeitig und in gleicher Weise ausgeführt.

1. Nach 1 Stunde Belichtung. Sofort $H > D$, auch nach zehn Minuten (*).

2. Nach weiteren 4 Stunden Belichtung (siehe Versuch 62, 2). Sofort $H \geq D$; sehr starker Unterschied. Ebenfalls nach 20 Minuten und 24 Stunden $H \geq D$ (**). Unterschied kräftiger als bei Versuch 62, 2.

3. Nach weiteren 26 Stunden Belichtung (siehe Versuch 62, 2) ergab sich: nach 5 Minuten $D \gtrless H$, nach 10 Minuten $D > H$ (**), nach 24 Stunden jedoch kein bemerkbarer Unserschied (**). Beide Proben sehr blaß bläulich.

Versuch 66 (P. IV. 75). Um den Einfluß der Konzentration des Extrakts auf die „positiven" Lichtwirkungen zu studieren, wurden in einem kleinen Meßzylinder folgende Mischungen hergestellt, wobei der Körperextrakt (siehe Versuch 43) eines Dytiscus verwendet wurde:

1. 6 Tr E + W; zusammen 10 ccm,
2. 16 ,, ,, ,, 10 ,,
3. 28 ,, ,, ,, 10 ,,
4. 40 ,, ,, ,, 10 ,,
5. 60 ,, ,, ,, 10 ,,

Selbstverständlich kam hierbei stets dieselbe Tropfpipette zur Verwendung. Diese Mischungen wurden darauf zur Hälfte in ein verdunkeltes, zur Hälfte in ein helles Röhrchen gegeben, worauf sie eine halbe Stunde mit recht hellem Tageslicht (März) belichtet wurden. Es ergab sich sofort nach Zusatz von je 2 Tr Gu:

1. H $\geq$ D, sehr deutlich,
2. H $\geq$ D,   ,,
3. H $>$ D, deutlich,
4. H $\gtrsim$ D, schwach,
5. H $\sim$ D,   ,,

Derselbe Unterschied war auch nach 24 Stunden zu beobachten (**).

Aus Versuch 62, 2, 63, 2 und 64 geht also hervor, daß im allgemeinen verdünntere Lösungen bei Belichtung im Verhältnis zu Dunkelextrakten stärkere „positive" Lichtwirkungen zeigen als konzentriertere, in ähnlicher Weise wie dies frische Extrakte im Vergleich mit alten tun. Andererseits geht aber aus Versuch 62, 3 und 63, 3 hervor, daß bei längerer Belichtung verdünnte Extrakte eher die Erscheinungen der endgültigen Zerstörung der Peroxydase, wie sie trotz Chloroformzusatz bei allen Extrakten bei Zimmertemperatur und in Gegenwart von Sauerstoff nach und nach eintritt, zeigen. Über diese definitive und irreversible Zerstörung aller Extrakte unter beliebigen Belichtungsbedingungen wird später noch einiges gesagt werden.

Weiterhin sollen noch einige Versuche wiedergegeben werden, welche das Verhalten von Lösungen bei schwächerem diffusem Tageslicht und intensiverem künstlichem Licht illustrieren und unter diesen Bedingungen Übergangserscheinungen zwischen den „negativen" und „positiven" Lichtwirkungen aufweisen.

Versuch 67 (P. I. 3). Ein frischer Mehlwurmextrakt wurde in ein verdunkeltes und in ein helles Röhrchen verteilt. Die Röhrchen standen über Nacht (ca. 14 Stunden) im Dunkeln und waren darauf 5 Stunden hellem diffusem Morgenlicht ausgesetzt (Februar). Es wurden gemischt je

5 ccm E $+$ 2 Tr Gu.

Sofort nach Guajaczusatz H $>$ D (*). Nach ca. 10 Minuten sehr stark H $\geq$ D (*). Nach 2 und 3 Stunden Stehen Unterschied H $\geq$ D ganz ungewöhnlich groß: H tiefblau, D nur schwach. weißlichblau (*). Es zeigt sich also, daß helles, diffuses Morgenlicht ähnliche Wirkungen wie direktes Sonnenlicht hervorrufen kann, ein Resultat, welches der auch sonst von mir gemachten Erfahrung entspricht, daß sich „positive" Lichtwirkungen oft sogar leichter in den Vormittags- als in den Mittagsstunden erhalten lassen. Hierfür sind mit viel Wahrscheinlichkeit die Verschiedenheiten der Zusammensetzung des Morgen- und Mittagslichtes verantwortlich zu machen.

Ein einziges Mal gaben mir auch zwei gleichzeitig angestellte Versuche mit Auerlicht einwandfreie „positive" Lichtwirkungen. Charakteristischerweise handelte es sich hierbei um verdünnte und frische Extrakte.

Versuch 68 und 69 (P. III. 68 und 69). Dytiscus-Hämolymphe-Extrakt. Es wurden gemischt

   1. 2mal 1 ccm E + 2 ccm W,
   2. 2mal 3 Tr E + 2 ccm W.

Nach 6 Stunden Belichtung mit Auerlicht wurden zu allen vier Gemischen 2 Tropfen Guajac gegeben.

1. Nach 20 Minuten $H > D$, nach 30 Minuten derselbe Unterschied deutlicher; nach 1 Stunde $H > D$ (**).

2. Bereits nach 10 Minuten deutlich $H > D$ (**), nach 20 Minuten sehr deutlich $H \geq D$; ebenso nach 1 Stunde.

Auch der Einfluß der Konzentration geht wieder deutlich aus diesen Versuchen hervor.

Endlich möchte ich der Vollständigkeit halber noch einen Versuch anführen, bei welchem die Extrakte, trotzdem sie wenigstens zeitweise der Sonne ausgesetzt gewesen waren, eine „negative" Lichtwirkung aufwiesen. Es handelt sich dabei um einen Versuch, bei welchem infolge von starkem Wind und bewölktem Himmel in äußerst unregelmäßiger Weise schwacher Sonnenschein mit sehr schwachem diffusem Licht abwechselte.

Versuch 70 (P. N. 8). Mehlwurmextrakt. Die Röhrchen wurden 3 Stunden belichtet. Darauf gemischt je

  1 ccm E + 1 ccm W + 1 Tr Gu + 1 ccm H_2O_2.

Zunächst kein Unterschied, beide bläulich. Nach ca. 10 Minuten erscheint D dunkler und stärker gefärbt als H (*). Nach ca. 1 Stunde D dunkelgrün, während H zwar deutlich blauer, aber viel heller und durchsichtiger ist.

§ 34. Der Einfluß der Wellenlänge des Lichtes auf die „positiven" Lichtwirkungen geht schon aus einigen Versuchen in § 30 hervor insofern, als bei größerer Versuchsdauer unter schwacher Belichtung dieselben „positiven" Lichtwirkungen auftreten, welche intensive Beleuchtung, z. B. direktes Sonnenlicht, nach sehr kurzer Belichtung hervorzurufen vermag. Beispiele für letztere Wirkungen geben folgende Versuche.

Versuch 71 (P. III. 34 I). Von einem frischen Mehlwurmextrakt wurden je 1 ccm $+$ 1 ccm W in 4 entsprechend vorgerichtete Versuchsröhren gegeben und im Wasserbad 3 Stunden der Sonne ausgesetzt. Hierauf wurden in normaler Reihenfolge (H, D, G. V) je 2 Tropfen Guajac dazugegeben. Nach 10 Minuten zunächst nur H und V dunkler als D und G; zwischen H und V kaum ein Unterschied, G erscheint ein wenig dunkler als D. Nach 20 Minuten ist V dunkler als H, und zwar ist V tief blaugrün gefärbt, während H zwar reiner blau, aber viel heller und milchig gefärbt ist. G ist ähnlich wie H blauer, aber viel heller und milchiger als D. Nach ca. 1 Stunde jedoch zweifellos $V > H \geq D > G$ (**).

Versuch 72 (P. III. 46). Bei einem andern Versuch wurde ein ca. 2 Tage alter Mehlwurmextrakt verwendet. Die Gefäße standen ca. 12 Stunden (über Nacht) im Dunkeln und waren darauf 6 Stunden Morgen- und Vormittagssonne (März) ausgesetzt. Es wurden gemischt je

$$2 \text{ ccm E} + 2 \text{ Tr Gu.}$$

Nach 10 Minuten V am dunkelsten, obgleich H blauer aber heller erscheint. G bei weitem am wenigsten, nämlich nur weißlich grüngelb gefärbt (*).

Nach 30 Minuten H und V am blauesten und dunkelsten, dann G, dann D (**).

Nach ca. 2 Stunden $H \sim V \geq G > D$ (**).

Versuch 73 (P. IV. 51). Untersucht wurde ein frischer Extrakt aus der Hämolymphe eines Dytiscus. Derselbe wurde ca. 2 Stunden mit direkter Sonne und 4 Stunden mit mittelhellem diffusem Tageslicht belichtet. Es wurden gemischt je

$$2 \text{ ccm E} + 2 \text{ Tr Gu.}$$

Reihenfolge des Zusatzes wie immer normal.

Nach ca. 15 Min. ergab sich $H > V > D > G$ (*). Derselbe Unterschied blieb auch für die nächsten Stunden bestehen. Nach 3 Tagen ergab sich jedoch die Reihenfolge $V > G > H > D$. Diese Reihenfolge ist indessen das Resultat des allmählichen Ausbleichens dieser wie aller oxydierter Guajaclösungen oder -Suspensionen. (Siehe § 34).

Versuch 74 (P. IV. 80). Verwendet wurde ein anderer, älterer. Körperextrakt eines Hydrophilus. Derselbe wurde 3 Stunden ziemlich kräftiger Sonne ausgesetzt. Es wurden gemischt

$$\text{je } 2 \text{ ccm E} + 2 \text{ Tr Gu.}$$

Sofort V und H viel dunkler als G und D (*).

Nach 15 Minuten sehr deutlich $V > H \geq D \geq G$ (*),

Nach ca. 7 Stunden $V \sim H \geq D \geq G$; dasselbe auch noch nach 12 Stunden (**).

Versuch 75 (P. V. 92). Ein Extrakt aus der Hämolymphe einer ausgewachsenen, überwinternden Cossus-Raupe wurde untersucht. Die Extrakte wurden ca. 6 Stunden von schwacher Sonne belichtet. Darauf wurden gemischt

je 2 ccm E + 2 Tr Gu.

Nach 15 Min. kaum ein Unterschied, alle schwach bräunlichgrün. Nach ca. 14 Stunden $V > H > D \geq G$ (**). Sämtliche Proben wurden darauf ca. 30 Minuten in die Sonne getan. Hierauf sehr deutlich $V > H \geq D \geq G$ (**).

Versuch 76 (P. V. 104). Ein anderer, aber ca. 18 Stunden alter Cossus-Extrakt wurde ca. 8 Stunden belichtet. Er erhielt hierbei 4 Stunden Sonne und ca. 4 Stunden diffuses Licht. Es wurden gemischt

je 2 ccm E + 2 Tr Gu.

Sofort war kaum ein Unterschied festzustellen. Nach ca. 14 Stunden Stehen war nur V dunkler als alle übrigen Proben (*).

Versuch 73 und 74 zeigen wieder den Einfluß des Alters des Extraktes auf die Intensität der „positiven" Lichtwirkung. Außerdem ist zu bemerken, daß die Cossus-Extrakte an und für sich sehr arm an Peroxydasen sind, ein Umstand, auf den später noch eingegangen werden wird.

Versuch 77 (P. V. 106). Derselbe Extrakt wie in Versuch 74 wurde nach weiteren 20 Stunden, nachdem er insgesamt 38 Stunden alt geworden war, ein zweites Mal untersucht, nur wurde er aufs 5fache verdünnt. Die Versuchsgläser standen ca. 30 Stunden und erhielten hierbei zweimal ungefähr 4—5 Stunden schwache Sonne und ca. 8 Stunden diffuses Licht. Es wurden gemischt

je 5 ccm verd. E + 2 Tr Gu.

Nach 20 Minuten sehr schwach: $H > V > G > D$ (*).

Nach 24 Stunden indessen war ein außerordentlich kräftiger Unterschied festzustellen, insofern als H bei weitem am grünsten war; hierauf folgten $V > G > D$ (**).

Daß trotz des hohen Alters des hier verwendeten Extrakts schließlich doch noch ein kräftiger Unterschied zum Vorschein kam, ist zweifellos zum größeren Teile dem Umstand zuzuschreiben, daß hier ein verdünnter Extrakt untersucht wurde.

Endlich sei noch ein Beispiel für einen Versuch mitgeteilt, bei welchem ein Extrakt bei künstlicher und nur diffuser natürlicher Belichtung eine deutlich „positive" Lichtwirkung zeigte.

Versuch 78 (P. N. 44 A). Zur Untersuchung gelangte ein Mehlwurmextrakt. Derselbe wurde zunächst 14 Stunden lang von Auerlicht bestrahlt. Gemischt wurden hierauf je

2 ccm E + 2 Tr Gu + 2 ccm H$_2$O$_2$.

Das Resultat (siehe Versuch 48 und 49, § 30) war $G \geq D \geq H > V$ (**).

Hierauf wurde der Extrakt während 32 Stunden zweimal je ca. 8 Stunden von **diffusem, schwachem, natürlichem** Lichte bestrahlt. Eine Probe ergab hierauf nach 10 Minuten $V > H \geq D > G$ (***). Die Unterschiede sind außerordentlich kräftig.

Aus diesen Versuchen über den Einfluß der Wellenlänge des Lichtes auf die „positiven" Lichtwirkungen ergibt sich, wie vielleicht nach den Versuchen in § 32 zu erwarten war, daß violettes Licht ganz in derselben Weise wie gemischtes, gelbes dagegen ganz wie Dunkelheit wirken. Es zeigt sich sogar, daß in der Mehrzahl der Versuche violettes Licht sogar eine stärkere „positive" Wirkung als gemischtes und gelbes Licht eine noch stärker „negative" Wirkung als Dunkelheit besitzt, ein Verhalten, das auch bei den „negativen" Lichtwirkungen bei **schwacher** Belichtung gefunden wurde. Auf die interessante Parallele zwischen diesen „positiven" Lichtwirkungen auf tierische Peroxydasen und den „negativen" Einflüssen des Lichtes auf die Katalase wird an späterer Stelle noch eingegangen werden.

§ 35. Eine interessante Erscheinung, welche mir beim Studium der „positiven" Lichtwirkungen auffiel, die ich aber bisher noch nicht so habe studieren können, wie sie es verdient, ist die merkwürdige Tatsache, daß durch schwache Belichtung im Vergleich zu Dunkelextrakten zurückgehaltene Peroxydasenextrakte sich anscheinend **erholen**, d. h. ihre natürliche Peroxydasenvermehrung wieder beschleunigen können, falls man sie nach kurzer scharfer Belichtung wieder verdunkelt. Ein Versuch der Art ist der folgende.

Versuch 79 (P. N. 53). Ein frischer Extrakt aus dem Darminhalt hungernder Mehlwürmer wurde teils verdunkelt, teils diffusem, aber relativ hellem Tageslicht (Dezember) ausgesetzt (mittags 11.30 bis 12.30)

1. Nach 1 Stunde Belichtung wurde eine Probe gemischt

$$1 \text{ ccm E} + 2 \text{ ccm W} + 1 \text{ Tr Gu} + 1 \text{ ccm H}_2\text{O}_2.$$

Es ergab sich sofort $H \geq D$, und der Unterschied blieb auch nach 10 Minuten sowie nach 4 Stunden derselbe (*).

2. Die Röhrchen blieben unter denselben Bedingungen noch $3^1/_2$ Stunde stehn. Nur hatte sich inzwischen der Himmel stark bewölkt, so daß bereits nach 3 Stunden (um 3.30 nachmittags) ein Lesen am Fenster kaum mehr möglich war. Es wurde eine gleiche Probe angestellt. Nach 10 Minuten ergab sich $H \sim D$, sehr wenig, nach 20 Minuten dagegen zweifellos, wenn auch nicht sehr stark $D > H$ (**). Nach 2 Stunden war kein Unterschied zwischen beiden Lösungen bemerkbar (***).

3. Die Röhrchen wurden darauf mit Auerlicht 2 weitere Stunden belichtet. Eine unter gleichen Bedingungen hergestellte Probe ergab sofort $H \geq D$, nach 10 Minuten sowie auch späterhin immer $H \geq D$ (*) usw.

Es sei noch bemerkt, daß der Zusatz von Guajac und H_2O_2 hier in der Reihenfolge D, H erfolgte.

Ich möchte bemerken, daß ich noch mehrere Male ähnliche Erfahrungen gemacht habe, auf deren Schilderung ich hier verzichte, da ich nur eine eingehendere Untersuchung dieser interessanten und in ihrer Kompliziertheit stark an biologische Erscheinungen erinnernde Tatsache vorgenommen habe. Bekanntlich können ja auch Organismen, welche z. B. durch andauernde Belichtung negativ phototropisch gemacht worden sind (z. B. Daphnien), durch Verweilen im Dunkeln ihren positiven Phototropismus wiedererlangen. Von besonderem Interesse wäre hier ein näheres Studium der Geschwindigkeiten, mit denen Lichtreaktion und Erholungsreaktion miteinander abwechseln können.

Endlich möchte ich noch kurz die Tatsache erwähnen, daß alle Extrakte, gleichgültig unter welchen Belichtungsbedingungen sie bei Zimmertemperatur gehalten werden, nach längerer Zeit ihren Peroxydasengehalt verlieren. Ein Beispiel hierfür wurde schon früher gegeben (Versuch 63, § 32); andere finden sich bereits in § 26 u. 29. Ganz allgemein sei bemerkt, daß in sämtlichen untersuchten Fällen nach maximal 14 Tagen (in Gegenwart von Choloroform) nur noch sehr schwache Blau- oder Grünfärbungen bei beliebigem H_2O_2- und Guajac-Zusatz erzielt wurden. Dabei wurde auch beobachtet, daß sich diese letzte Zerstörung der Peroxydase schneller im Licht als im Dunkeln vollzog. So ergaben z. B die in Versuch 51 benutzten Extrakte H und D bereits nach 7tägigem Stehen (allerdings bei fast ununterbrochener künstlicher Belichtung) sofort den Unterschied $D > H$ (*). Dasselbe wurde in einem nicht beschriebenen Versuch (P. N. 51) beobachtet, in welchem nach 1 Stunde Sonne sehr deutlich der Unterschied $H \leq D$ (**), nach 8 Tagen jedoch ebenfalls $D > H$ (*) beobachtet wurde. Allerdings war in letzterem Falle H blauer gefärbt als D, welches tiefgrün war. Indessen war D sowohl dunkler als auch bei weitem kräftiger als H gefärbt, welch letzteres einen fast durchsichtigen und sehr hellen Farbton besaß.

§ 36. Zusammenfassung. Die wichtigsten Resultate der in § 33 bis 35 beschriebenen Versuche über positive Lichtwirkungen sind folgende:

Direktes Sonnenlicht oder intensives diffuses Tageslicht beschleunigen sofort die natürliche Peroxydasenvermehrung tierischer Extrakte in Gegenwart von Sauerstoff. Bereits nach 5 Minuten Sonnenbelichtung läßt sich zuweilen bei frischen Extrakten (Darminhalt von hungernden Mehlwürmern, überwinternden und hungernden Dytiscus und Hydrophilus, Hämolymphe der letzten beiden sowie ausgewachsener Cossus-Raupen, überwinternde Porthesia-Räupchen) ein deutlicher Unterschied $H \geq D$ nachweisen. Diese Unterschiede treten schneller und intensiver bei frischen als bei alten Extrakten auf. Ferner zeigen verdünntere Extrakte stärkere „positive" Lichtwirkungen als konzentriertere. Morgenlicht scheint besonders intensive „positive" Lichtwirkungen hervorzurufen. Ein einziges Mal gelangten bei einem frischen Extrakt auch nach 6stündiger Belichtung mit Auerlicht „positive" Lichtwirkungen zur Beobachtung.

Was den Einfluß der Wellenlänge anbetrifft, so ergibt sich bei Sonnenlicht oder intensiverem diffusem Licht für die „positiven" Lichtwirkungen sofort die Reihenfolge $V > H \geq D > G$. Meist ist der Unterschied zwischen V und H auf der einen Seite und D und G auf der andern Seite besonders groß, eine Gruppierung, welche oben bereits für die zerstörenden Wirkungen des Lichtes auf die Katalase gefunden wurde. Frische Extrakte zeigen intensivere „positive" Wirkungen als ältere; desgleichen verdünntere eine stärkere Wirkung als konzentriertere. Nähere Einzelheiten sind bei den Versuchen selbst einzusehen.

Es wird auf eine interessante Erscheinung aufmerksam gemacht, welche an „Erholungs"-Erscheinungen insofern erinnert, als ein durch starke Belichtung in seiner Peroxydasenvermehrung beschleunigter Extrakt diese sistiert oder doch sehr verlangsamt, falls die Belichtung plötzlich wieder abgeschwächt wird, verglichen mit einem, unter gleichen Bedingungen gehaltenen verdunkelten Extrakt. Der „positive" Unterschied $H > D$ verwandelt sich m. a. W. bald nach Verringerung oder Entziehung der Belichtung in $H \sim D$, oder $D > H$.

Bei sehr langer Belichtung (über 6 bis 8 Tage) nimmt der

Peroxydasengehalt des belichteten Extraktes wieder ab, und zwar **schneller** als der eines unter gleichen Bedingungen gehaltenen verdunkelten Extrakts. Allgemein ist zu beobachten, daß tierische peroxydasehaltige Extrakte unter Chloroformzusatz und bei beliebigen Belichtungsbedingungen mit der Zeit ihren Peroxydasengehalt verlieren.

B. Versuche über den Einfluß der Belichtung auf den Peroxydasengehalt lebender Tiere.

§ 37. Um den Einfluß der Belichtung auf den Peroxydasengehalt **lebender** Tiere untersuchen zu können, bedarf es gewisser experimenteller Vorbedingungen, die im allgemeinen etwas schwierig zu erfüllen sind. Die erste besteht in der Möglichkeit, Extrakte herzustellen, welche in bezug auf ihren Gehalt an „lebender" Substanz gleich konzentriert sind. Für eine derartige Dosierung sind **sehr kleine** Versuchstiere, welche in toto zu Extrakten verarbeitet werden, können am geeignetsten. Ferner muß es möglich sein, die Versuchstiere möglichst gleichmäßig und vollkommen zu belichten, und endlich muß das Versuchsverfahren möglichst wenig abhängig von den individuellen Verschiedenheiten der einzelnen Individuen sein. Auch hierfür eignet sich kleines, aber in größerer Zahl verwendbares Tiermaterial am besten, und ich habe aus diesen Gründen Versuche über den Einfluß der Belichtung auf den Peroxydasengehalt **lebender** Tiere vorwiegend an **Porthesia**-Räupchen angestellt, obgleich für Peroxydasenversuche im **allgemeinen** gerade diese Organismen wenig geeignet erscheinen. Der Nachteil liegt darin, daß die Extrakte dieser Räupchen ganz im Gegensatz zu ihrem ungemein großen Katalasengehalt nur eine geringe Peroxydasenmenge enthalten, so daß oft nur schwache Grünfärbungen, und diese auch zuweilen erst nach längerem Stehen auftreten (siehe § 33). Immerhin sind sie jedoch als peroxydasehaltig zu bezeichnen, wie die in § 33 geschilderten Versuche beweisen, und wie auch aus Checkversuchen, in welchen statt der Extrakte reines Chloroformwasser verwendet wurde, zur Genüge hervorgeht.

Allerdings bieten die Versuche mit Porthesiaräupchen den für die Theorie der phototropischen Erscheinungen nicht zu unterschätzenden Vorteil, daß sich leicht an demselben Material gleichzeitig Lichtwirkungen sowohl auf den Katalasen- als auch auf den Peroxydasengehalt untersuchen lassen. In der Tat bin ich denn auch so verfahren, daß ich fast alle drei in § 16—24 auf ihren Katalasengehalt untersuchten Extrakte auch auf die Stärke ihrer Guajacreaktion prüfte. Ich werde dementsprechend in den im folgenden beschriebenen Versuchen stets auf die entsprechenden Katalasenversuche zurückweisen.

Zur Versuchstechnik sei bemerkt, daß ich zur schnelleren und kräftigeren „Differenzierung" etwaiger Unterschiede die zu vergleichenden Extrakte nach Guajac und H_2O_2-Zusatz ins helle diffuse Tageslicht oder auch direkt in die Sonne, natürlich unter vollkommen gleichen Belichtungs-, Temperatur- usw. Bedingungen brachte. Vielfache Versuche mit anderen Extrakten mit bekannten Unterschieden im Peroxydasengehalt haben mir gezeigt, daß dies Verfahren vollkommen einwandfrei ist, insofern als durch die im Licht schneller verlaufende Eigenoxydation des Guajacs nie ein Unterschied im Peroxydasengehalt verändert, insbesondere etwa umgekehrt wird, abgesehen davon, daß bei zu langer oder starker Belichtung die Unterschiede wegen der überhandnehmenden Eigenoxydation des Guajacs wieder verwischt werden.

Ein orientierender Versuch ergab nun sofort einen deutlichen Unterschied.

Versuch 80 (VI. 1 und 2); siehe hierzu § 16, Versuch 25. Ein Teil der Räupchen war im Dunkeln und Kühlen gehalten worden, ein anderer wurde bei Zimmertemperatur der Sonne ausgesetzt. Näheres siehe § 16, Versuch 25. Nach $2^1/_2$ Tagen Belichtung wurden „Normal"-Extrakte hergestellt und auf ihren Katalasen- und Peroxydasengehalt verglichen. Zur Untersuchung des letzteren wurden gemischt:

I. je 5 ccm E + 3 Tr. Gu;

II. je 5 ccm E + 2 ccm H_2O_2 + 3 Tr. Gu.

I. Nachdem die Mischungen ca. 2 Stunden im Dunkeln gestanden hatten, war kein Unterschied bemerkbar; beide Proben eine Spur grünlich (**). Hierauf wurden beide Proben in die Sonne gestellt. Nach ca. $^1/_2$ Stunde H schwach blauer als D (**). Nach ca. 1 Stunde aber deutlich H > D (**). Nach 24 Stunden Stehen war der Unterschied immer noch deutlich H > D (**). — Gleichzeitig wurde ein Checkversuch mit reinem Chloroformwasser (5 ccm W + 3 Tr. Gu) angestellt. Bei allen Beobachtungen war dies Gemisch stets weniger blau und dunkler gefärbt als H und D (**).

II. Die Mischungen mit H_2O_2 zeigten auch nach 24 Stunden Stehen im Dunkeln keinen zweifelsfreien Unterschied (**). Sie wurden darauf in die Sonne gestellt. Nach 30 Minuten H schwach blauer als D; nach 1 Stunde H schwach, aber deutlich blauer als D(**). Unterschied nicht so stark wie bei I.

Die entsprechenden Katalasenwerte waren

$$H = .0061; \quad D = .0079.$$

Interessanterweise ergab sich, daß der beobachtete Unterschied im Peroxydasengehalt der Extrakte nach ca. 28 stündigem Stehen beider Extrakte in diffusem Tageslicht nicht nur noch erhalten war, sondern sich sogar noch verstärkt hatte.

Versuch 81 (VI. 4). Es wurden wieder gemischt je 5 ccm E + 3 Tr Gu. Nach 5 Minuten in diffusem Licht erscheint bereits H ein wenig blauer als D(**). Beide Röhrchen wurden in die Sonne gestellt. Mach 15 Minuten sehr deutlicher Unterschied H > D(**). H ist grünblauer als D, welch letzteres mehr bräunlich aussieht. Ebenso nach 1 Stunde Sonne H ≥ D(**). Auch nach 24 Stunden ist immer noch H > D(**), obschon H im Vergleich zur vorigen Beobachtung sichtlich ausgeblichen erscheint.

Es ist nicht ausgeschlossen, daß die Erklärung für diese Verstärkung des Unterschieds bei gleicher Behandlung der Extrakte mit dem Alter darin zu suchen ist, daß bei einem geringeren Anfangsperoxydasengehalt des H-Extraktes die natürliche Peroxydasenvermehrung dieses Extraktes unproportional dem Anfangsgehalt langsamer stattfindet als bei größerem Peroxydasengehalt. Namentlich für autokatalytische Vorgänge scheint es nach der Gestalt der Geschwindigkeitskurven bei verschiedenem Anfangsgehalt des Autokatalysators charakteristisch zu sein, daß (wenigstens in den ersten Stadien der Reaktion) die Geschwindigkeitszunahme nicht proportional der Katalysatorkonzentration ist, sondern schneller als diese zunimmt. An autokatalytische, spez. autoxydative Vorgänge in diesem Zusammenhang zu denken, liegt meiner Ansicht nach eine ganze Reihe von Gründen vor.

Merkwürdigerweise zeigte es sich nun bei einer zweiten Versuchsreihe, bei welcher die Extrakte nicht im diffusen Tageslicht sondern sorgfältig im Dunkeln aufbewahrt wurden, daß im Dunkeln der Unterschied nicht zunahm, sondern im Gegenteil sich verwischte. Allerdings wurde gleichzeitig eine starke Vermehrung des Peroxydasengehalts in beiden Extrakten beobachtet.

Versuch 82 (VI. 7 A und B); siehe hierzu § 17, Versuch 28. Räupchen aus einem Dunkelnest wurden in zwei Partien geteilt, die eine

Partie in verdunkeltem Röhrchen, die andere in hellem Röhrchen 2 Tage lang belichtet. Einzelheiten siehe § 17, Versuch 28. Es wurden gemischt

    I. je 2 ccm E $+$ 3 Tr Gu;

    II. je 2 ccm E $+$ 1 ccm H_2O_2 $+$ 3 Tr Gu.

I. Sofort (im diffusen Licht) kein Unterschied bemerkbar. Beide Röhrchen in die Sonne getan. Nach 15 Minuten deutlicher Unterschied $H > D$(**). Nach 2 Stunden Besonnung noch deutlicher $H \geq D$(**).

II. Sofort (in diffusem Licht) kein deutlicher Unterschied. Beide Röhrchen in die Sonne getan. Nach 15 Minuten sehr deutlicher Unterschied $H \geq D$(**); Unterschied viel kräftiger als bei I. Nach ca. 2 Stunden sehr schöner Unterschied: H intensiv blaugrün, D grünlichbraun.

Die entsprechenden Katalasenwerte waren

$$H = .0564; \quad D = .0650.$$

Versuch 83 (VI. 6, A und B). Dieselben in Versuch 82 benutzten Extrakte wurden ca. 14 Stunden sorgfältig im Dunkeln aufbewahrt. Sodann wurden gemischt

    I. je 5 ccm E $+$ 3 Tr Gu;

    II. je 3 ccm E $+$ 1 ccm H_2O_2 $+$ 3 Tr Gu.

I. Sofort erscheint (im diffusen Licht) H ein wenig grüner als D (**). Beide Röhrchen in die Sonne getan. Nach 15 Minuten Unterschied verschwunden(**); D ein wenig blauer als H(**). Nach ca. 1 Stunde $H \gtrsim D$(**); dabei H grüner, D bräunlicher und dunkler(**). Nach ca. 3 Stunden Sonne $H > D$(**); Unterschied zwar klein, aber unzweifelhaft. Beide Proben sehr stark grün.

II. Sofort erscheint (im diffusen Licht) H ein wenig grüner als D(**). H dabei wieder grüner, D wieder mehr bräunlichgrün. Nach 3 Stunden Sonne $H > D$; Unterschied schwach, aber unzweifelhaft(**). Beide Proben stark grün, und zwar intensiver als bei I.

Weitere Versuche über den Einfluß gemischten Lichtes auf den Peroxydasengehalt lebender Porthesiaräupchen sind im nächsten Paragraphen wiedergegeben.

Diese Versuche zeigen übereinstimmend, daß in derselben regelmäßigen Weise, in welcher bei Belichtung die Katalase im lebenden Tierkörper zerstört wird, umgekehrt die Peroxydase sich vermehrt. Allerdings beziehen sich diese Versuche zunächst auf intensivere Belichtung, und es soll keineswegs in Abrede gestellt werden, daß bei schwacher Belichtung vielleicht auch eine kleinere Abnahme der Peroxydase (entsprechend der einmal beobachteten geringfügigen Zunahme der Katalase bei diesen Bedingungen) zur Beobachtung gelangen kann. Ich habe hierüber noch nicht eingehendere Versuche anstellen können.

§ 38. Der Einfluß der Wellenlänge des Lichtes auf den Peroxydasengehalt lebender Räupchen wurde wieder parallel mit den entsprechenden Katalasenversuchen untersucht.

Versuch 84. (VI. 12); siehe § 20, Versuch 32. Die Räupchen eines Dunkelnestes wurden in 4 entsprechend vorgerichtete Versuchsgläser verteilt und ca. 10 Stunden schwacher Sonne ausgesetzt. Einzelheiten siehe § 20, Versuch 32. Es wurden gemischt je 2 ccm E + 2 Tr Gu; die Proben wurden sofort nach Guajaczusatz in die Sonne gestellt. Nach ca. 2 Stunden Sonne ergab sich $H \gtrsim V > D > G$ (**). Alle Unterschiede sehr ausgesprochen.

Die entsprechenden Katalasenwerte sind:

$H = .00518;$ $D = .00755;$ $G = .00817;$ $V = .00543.$[1]

Ordnet man die Extrakte gemäß ihrem Gehalt an Peroxydase und Katalase, so erhält man die Reihenfolgen

$$\text{Peroxydase: } H \gtrsim V > D > G;$$
$$\text{Katalase: } \quad G > D > V \gtrsim H.$$

Versuch 85. (VI. 13); siehe § 20, Versuch 33. Von denselben im vorigen Versuch benutzten Räupchen wurden einige weitere 24 Stunden belichtet. Einzelheiten siehe § 20, Versuch 33. Es wurden wieder gemischt je 2 ccm E + 2 Tr Gu. Die Proben wurden ca. 24 Stunden in schwaches diffuses Licht gestellt.

Hierauf ergab sich mit aller wünschenswerten Deutlichkeit $H > V > G \gtrsim D$ (**).

Die entsprechenden Katalasenwerte sind:

$H = .00341;$ $D = .00528;$ $G = .00569;$ $V = .00475.$

Geordnet ergibt sich für beide Fermente:

$$\text{Peroxydase: } H > V > G \gtrsim D,$$
$$\text{Katalase: } \quad G \gtrsim D > V > H.$$

Versuch 86 (VI. 14); siehe § 20, Versuch 34. Nachdem die Räupchen, von denen ein Teil zu Versuch 84 (32) und Versuch 85 (33) benutzt wurden, insgesamt 96 Stunden natürlicher Belichtung (Einzelheiten siehe § 20, Versuch 34) ausgesetzt gewesen waren, wurde eine weitere Peroxydasenprobe vorgenommen. Es wurden wiederum gemischt je 2 ccm E + 2 Tr Gu. Die Proben wurden in schwaches, zuweilen durch Wolken getrübtes Sonnenlicht nach dem Guajaczusatz gebracht.

Bereits nach 1 Stunde zeigen sich prachtvolle Unterschiede:

$$H > V \gtrsim D > G \,(**).$$

Die entsprechenden Katalasenwerte sind:

$H = .0042;$ $D = .0045;$ $G = .0048;$ $V = .0038.$

Geordnet ergeben sich für beide Fermente die Reihenfolgen:

---

[1] Es ist vielleicht nicht überflüssig, hier zu bemerken, daß die Ausrechnung der Konstanten erst mehrere Monate nach Anstellung sowohl der H_2O_2-Versuche als auch der im Text geschilderten Peroxydasenversuche stattfand.

$$\text{Peroxydase: } H > V \gtrless D > G;$$
$$\text{Katalase: }\quad G > D > H > V.$$

Versuch 87 (VI. 11); siehe hierzu § 21, Versuch 35. Porthesia-Räupchen wurden 5 Tage lang von natürlichem Licht (meist Sonne) belichtet, so daß sie bereits einzugehen begannen. Es wurden nur lebende Räupchen benutzt. Einzelheiten siehe § 21, Versuch 35. Es wurden gemischt je

$$2 \text{ ccm } E + 2 \text{ Tr Gu.}$$

Die Proben wurden sofort in die (schwache) Sonne gestellt.

Nach 30 Minuten: $V > H \gtrsim D > G$ (**); Unterschiede indessen sehr schwach. Nach 24 Stunden (mit ca. 4 Stunden Sonne) ist die Reihenfolge: $H \gtrsim V > G > D$ (**).

Die zugehörigen Katalasenwerte sind:

$$H = .0067; \quad D = .0073; \quad G = .0073; \quad V = .0061.$$

Geordnet ergeben sich die Reihenfolgen:

$$\text{Peroxydase: } H \gtrsim V > G > D;$$
$$\text{Katalase: }\quad D = G > H > V.$$

Versuch 88 (VI. 8 und 9); siehe hierzu § 21, Versuch 36. Es wurden Räupchen untersucht, welche 6 Tage kräftig belichtet worden waren. Die Räupchen in V und G waren sämtlich, die in D zum Teil tot; in H waren alle Räupchen noch lebendig. Es wurden von V und G tote, von D und H lebende Räupchen verwendet. Gemischt wurden

1. je 5 ccm $E + 3$ Tr Gu;
2. je 3 ccm $E + 1$ ccm $H_2O_2 + 3$ Tr Gu.

1. Nach 30 Minuten in diffusem Lichte ergab sich die Reihenfolge: $G \gtrsim D > H \gtrsim V$ (**); die Unterschiede waren indessen recht klein. Nach 4 Stunden diffuser Belichtung ergab sich etwas deutlicher:

$$G \gtrsim V > D \gtrsim H \;(**).$$

2. Nach 30 Minuten in diffusem Lichte ergab sich:

$$G > V > H > D \;(**);$$

die Unterschiede sind viel deutlicher als bei 1. Nach 4 Stunden diffuser Belichtung: $G > V > H > D$ (**).

Die für dieselben Extrakte gemessenen Katalasenwerte sind:

$$H = .00687; \quad D = .00758; \quad G = .00341; \quad V = .00408.$$

Geordnet ergeben sich die Reihenfolgen:

$$\text{Peroxydase: 1. (ohne } H_2O_2\text{): } G \gtrsim V > D \gtrsim H;$$
$$\text{2. (mit } H_2O_2\text{): } G > V > H > D;$$
$$\text{Katalase: }\quad D > H > V > G.$$

Diese Versuche zeigen zunächst, daß auch beim Studium des Einflusses der Wellenlänge des Lichtes auf den Peroxydasengehalt im lebenden Tierkörper nur „positive" Lichtwirkungen zu beobachten sind, wobei, nicht zu lange Belichtung vorausgesetzt, violettes Licht sehr ähnlich wie gemischtes Licht, gelbes Licht dagegen sehr ähnlich wie Dunkelheit wirkt. Ferner aber ergibt sich mit außerordentlicher, in Anbetracht des biologischen Charakters der Versuche fast erstaunlicher Regelmäßigkeit eine genaue Parallele zwischen der Vermehrung einerseits des Peroxydasengehalts, und der Zerstörung des Katalasengehalts auf der andern Seite bei Belichtung. Vielleicht wird diese Gesetzmäßigkeit durch eine tabellarische Zusammenstellung noch deutlicher vor Augen geführt (Tabelle 34).

Tabelle 34.

	Versuch	Fermente
Versuch 32 und Versuch 84.	Katalase:	$G > D > V \gtrsim H$;
	Peroxydase:	$G < D < V \lesssim H$.
Versuch 33 und Versuch 85.	Katalase:	$G \geq D > V > H$;
	Peroxydase:	$D \lesssim G < V < H$.
Versuch 34 und Versuch 86.	Katalase:	$G > D > H > V$;
	Peroxydase:	$G < D \leq V < H$.
Versuch 35 und Versuch 87.	Katalase:	$D = G > H > V$;
	Peroxydase:	$D < G < V \lesssim H$.
Vers. 36 u. Vers. 88, I u. II.	Katalase:	$D > H > V > G$;
	Peroxydase: 1.	$H \lesssim D < V \lesssim G$;
	2.	$D < H < V < G$.

Abgesehen von kleineren Unstimmigkeiten, welche zweifellos auf Versuchsfehlern beruhen, ist die Übereinstimmung der beiden Reihen in allen Versuchen ganz vorzüglich. Insbesondere kommt es bei den Versuchen mit kürzerer Belichtungsdauer, welche die ausgesprochensten Unterschiede zwischen den Wirkungen von Licht verschiedener Wellenlänge ergeben, nie vor, daß die zugeordneten Paare: H und V sowie D und G getrennt werden. Darauf, daß die Beobachtungsreihen für diese zwei oxydativen Fermente vollkommen unabhängig voneinander festgestellt resp. berechnet wurden, ist schon oben hingewiesen worden.

Was die Beziehungen zwischen Lebensdauer und Peroxydasengehalt anbetrifft, so starben die hungernden Räupchen, wie bereits erwähnt, in der Reihenfolge: $G > V > D > H$. Es wurde auch bereits erörtert, daß dieser Reihe der Katalasengehalt der Räupchen kurz vor ihrem Absterben insofern entspricht, als (mit Ausnahme von V) die Räupchen mit dem größten Katalasengehalt am ehesten sterben. Umgekehrt können wir auf Grund der eben beschriebenen Versuche auch sagen, daß die Räupchen mit dem kleinsten Peroxydasengehalt (unter G oder D) am ehesten sterben, während die mit dem größten Peroxydasengehalt (nach obigen Versuchen immer unter H) auch immer am längsten leben. Dieser letztere Punkt ist besonders wichtig, einmal darum, weil er zeigt, daß der lebenserhaltenden Wirkung des positiven Phototropismus der Porthesia-Räupchen eine Vermehrung der Peroxydase (neben der Zerstörung der Katalase) parallel läuft, sowie zweitens darum, weil in sämtlichen von mir hierüber angestellten Versuchen gerade die maximale Vermehrung der Peroxydase im gemischten Licht absolut regelmäßig ist, und auch niemals z. B. in dem sehr ähnlich wirkenden violetten Licht stattfindet. Das Verhalten des Peroxydasengehaltes im Violetten und auch im Dunkeln bzw. Gelben variiert im Gegensatz hierzu einigermaßen, insofern als namentlich im violetten Licht die Parallele zwischen zunehmender Sterblichkeit und abnehmendem Peroxydasengehalt nicht deutlich vorhanden ist. Für diese Unregelmäßigkeit, welche bei den Peroxydasebestimmungen ersichtlich größer ist als bei den Katalasebestimmungen, ist ohne Zweifel mehr die relativ unbestimmte und ungenaue Bestimmungsmethode des ersteren Ferments als eine Inkongruenz der Tatsachen verantwortlich zu machen.

§ 39. Zusammenfassung. Die wichtigsten Resultate der in § 37 und 38 beschriebenen Versuche über den Einfluß der Belichtung auf den Peroxydasengehalt lebender Porthesia-Räupchen sind folgende:

In derselben regelmäßigen Weise, in welcher bei Belichtung (helles diffuses Tageslicht oder direktes Sonnenlicht) der Katalasengehalt lebender Porthesia-Räupchen zerstört wird, vermehrt sich der Peroxydasengehalt derselben.

Was den Einfluß der Wellenlänge des Lichtes anbetrifft, so begünstigt bei nicht zu langer Exposition violettes Licht in ähnlicher, aber stets etwas schwächerer Weise wie gemischtes Licht die Vermehrung der Peroxydase. Im Gegensatz hierzu wirkt gelbes Licht ähnlich wie Dunkelheit, ja hindert die Peroxydasenentwicklung im lebenden Tierkörper in etwas mehr als der Hälfte der untersuchten Fälle noch stärker als Lichtentziehung.

Es stellt sich ferner eine fast vollkommen genaue Parallele zwischen dem zerstörenden Einfluß der Spektralbezirke auf die Katalase und dem entwickelnden oder vermehrenden Einfluß derselben auf die Peroxydase heraus. Diese Parallele ist auch unter verschiedenartigen Belichtungsbedingungen und insbesondere auch bei variierender Belichtungsdauer immer vorhanden. In einigen Fällen ist die Übereinstimmung absolut, in anderen Fällen variiert nur die Stellung der Belichtungsbedingungen innerhalb der zugeordneten Paare H, V und D, G. Nie findet ein Springen aus einem Paare in das andere statt.

Was die Beziehungen zwischen der Sterblichkeit der hungernden belichteten Räupchen und dem Einfluß des Lichtes auf den Peroxydasengehalt anbetrifft, so ergaben sämtliche Versuche, daß im gemischten Licht, in welchem die Räupchen am längsten leben, stets der höchste Peroxydasengehalt festgestellt werden konnte. Auf der andern Seite entsprach der im Gelb beobachteten größten Sterblichkeit in der Mehrzahl der Fälle auch der kleinste Peroxydasengehalt. Eine Parallele zwischen der Wirkung des violetten Lichts und der Lichtentziehung auf den Peroxydasengehalt und die Sterblichkeit läßt sich auf Grund der bisherigen Versuche mit Deutlichkeit nicht erkennen.

IV. Über die Rolle oxydativer Fermente bei den phototropischen Reaktionen der Tiere.

§ 40. Es erübrigt nun zu untersuchen, welche Beziehungen sich auf Grund der in den vorigen Paragraphen beschriebenen Versuche zwischen dem Gehalt der Organismen an oxydativen Fermenten resp. deren Lichtempfindlichkeit auf der einen Seite, den phototropischen Reaktionen auf der andern Seite ergeben. Ich möchte von vornherein bemerken, daß ich derartige Schlüsse hier nur mit Vorsicht und in möglichster Kürze zu ziehen beabsichtige. Der hauptsächlichste Grund hierfür liegt nicht etwa in einem Zweifel über die Zuverlässigkeit und Konstanz der in dieser Abhandlung geschilderten Versuche, sondern darin, daß vorliegende Arbeit nur einen Teil der experimentellen Untersuchungen enthält, welche ich einerseits bereits angestellt habe, andererseits noch vorzunehmen beabsichtige. Es ist einleuchtend, daß eine eingehendere Diskussion über den Wert dieser Oxydasenversuche für eine physikalisch- resp. photo-chemische Theorie der phototropischen Erscheinungen zweckmäßiger erst nach Schilderung der in dieser Arbeit noch nicht wiedergegebenen weiteren Versuche über den Zusammenhang zwischen den Eigenschaften der Oxydasen und dem Phototropismus stattfindet. So habe ich z. B. eine ziemlich eingehende Versuchsreihe über den Temperatureinfluß auf die Lichtempfindlichkeit der Katalase, auf die natürliche sowie durch Belichtung beschleunigte Peroxydasenentwicklung in Tieren und Extrakten usw. angestellt; desgleichen wurde auch bereits der Einfluß von H- und OH-Ion, von Kohlensäure, Alkohol und den durch die bekannten neueren Loebschen Untersuchungen so interessant gewordenen Estern (z. B. Äthylacetat) usw. sowohl auf die Lichtempfindlichkeit der Katalase als auch auf die natürliche Entwicklung und Lichtempfindlichkeit der Peroxydase untersucht. Diese Versuche, welche in Hinsicht auf die zitierten Loebschen Versuche über die chemische Beeinflußbarkeit phototropischer Reaktionen von besonderer Wichtigkeit sind, werden, nachdem ich sie zum Teil noch ergänzt und wiederholt habe, in einer nächsten Abhandlung wiedergegeben werden. Endlich sind auch noch Untersuchungen über den wichtigen Einfluß des Nervensystems und des optischen Sinnesapparates auf den Gehalt lebender Tiere an oxydativen Fermenten im Gange.

Ich glaube indessen, daß schon auf Grund des hier wiedergegebenen Versuchsmaterials folgende Beziehungen zwischen Oxydasengehalt und Phototropismus mit einiger Sicherheit aufgestellt werden können: 1. Zunächst entspricht dem „positiven" oder „negativen" Sinn des Phototropismus der hier untersuchten Insekten ein deutlicher Unterschied im Verhältnis der Mengen, in welchen sich die zwei hier untersuchten Fermente in den aus diesen Tieren hergestellten Extrakten nachweisen lassen. Diese Beziehung wird am deutlichsten, wenn wir die extremsten hier untersuchten Vertreter positiv und negativ phototropischer Tiere: die intensiv negativ phototropischen Mehlwürmer einerseits, die intensiv positiv phototropischen Porthesiaräupchen andererseits miteinander vergleichen. Die Verbreitung der Peroxydase ist nun für diese Tiere besonders charakteristisch insofern, als die Mehlwurm-

extrakte mir die intensivsten Guajacreaktionen ergaben, welche
ich überhaupt beobachtet habe, während auf der andern Seite
die Porthesiaräupchen immer nur relativ schwache, ja bei
frischen Extrakten regelmäßig überhaupt keine zweifelsfreie
Peroxydasenreaktion gaben. Vielleicht sind in diesem Punkt
die intensiv positiv phototropischen geflügelten Ameisen (Camponotus) noch charakteristischer insofern, als ich bei den aus
ihnen hergestellten Extrakten überhaupt keine Guajacreaktion
feststellen konnte. Was die Verbreitung der Katalase auf
der andern Seite anbetrifft, so sind zwar die Unterschiede nicht
so deutlich wie in der Verbreitung der Peroxydase, da sich in
allen Extrakten, auch in Extrakten aus dem Darminhalt
hungernder Mehlwürmer Katalase nachweisen läßt, wohl aber
fällt der ganz ungemein hohe Katalasengehalt der positiv heliotropischen Porthesiaräupchen, fernerhin auch der geflügelten
Ameisen auf, der bei den Räupchen ein Arbeiten mit Extrakten von 1 Räupchen auf 1 ccm Chloroformwasser ($=$ca. 0.2 Gewichtsprozent) gewöhnlich in einer Verdünnung von 1 Teil Extrakt auf 10 Teile H_2O_2 ($=$ ca. 0.02 Gewichtsprozent) gestattete,
wobei sich bei ca. $\dfrac{H_2O_2}{50}$ Geschwindigkeitskonstanten von der
Größenordnung: .4343 K $=$ .01 ergaben. Eine vergleichende
Untersuchung des Katalasengehaltes verschiedener Tierspecies
wäre nur sehr schwierig auszuführen, da jedenfalls auch die
Katalase wie andere Fermente eine spezifische Verteilung in
den Organen eines Tieres hat. Indessen haben meine Versuche jedenfalls mit beträchtlicher Wahrscheinlichkeit ergeben,
daß in den Porthesia- und Camponotusextrakten die Menge
fremder Substanzen, welche z. B. bei H_2O_2-Zersetzung die
Schärfe des Titrierens hindern resp. selbst einen $KMnO_4$-Titer
ergeben, von allen untersuchten Extrakten am kleinsten ist. —
Die ferner untersuchten Insekten Hydrophilus, Dytiscus und
Cossusraupen zeigen nun deutlich, sowohl was den Sinn ihrer
phototropischen Reaktionen als auch die relative Verteilung
ihres Katalasen- und Peroxydasengehalts anbetrifft, eine mittlere
Stellung. Es wurde oben schon berichtet, daß insbesondere
diese Käfer in sehr variierender Weise indifferent bis positiv
oder negativ phototropisch sind, zum wenigsten zu der Zeit
und den Umständen, unter welchen sie hier zur Untersuchung

gelangten. Dem entspricht nun vollkommen die Verteilung der beiden Oxydasen insofern, als hier sowohl sehr kräftige Guajacreaktionen als auch sehr intensive H_2O_2-Zersetzungen beobachtet wurden.

Es scheint aus diesen Feststellungen hervorzugehen, daß es charakteristisch für negativ phototropische Tiere ist, einen hohen Peroxydasengehalt, aber einen im Verhältnis hierzu kleinen Katalasengehalt zu besitzen. Umgekehrt wurde gefunden, daß ausgesprochen positiv heliotropische Tiere nur sehr geringe Mengen oder gar keine Peroxydase in ihren Extrakten nachweisen lassen, während diese letzteren ihrerseits wieder ungemein reich an Katalase sind. Wenn schon ich nicht verkenne, daß zur endgültigen Festlegung dieser Gesetzmäßigkeit weitere Untersuchungen an anderen Tierspecies sehr wünschenswert sind, so möchte ich doch betonen, daß die hier untersuchten sechs Species zu Anfang der Untersuchung nur deswegen gewählt wurden, weil sie in der Tat als besonders typische Vertreter der verschiedenen Klassen phototropischer Tiere erschienen resp. bekannt sind. Dies gilt insbesondere für die extremen Vertreter des positiven und negativen Phototropismus. — Vielleicht ist die Bemerkung nicht überflüssig daß ich zu Beginn der Untersuchung keineswegs ein derartiges Verhalten erwartet hatte.

Auf Grund dieses Ergebnisses sollte man folgern, daß z. B. periodisch phototropische Tiere, wie z. B. geflügelte Ameisen, Blattläuse, indessen auch Dytiscus und Hydrophilus zur Zeit der höchsten Geschlechtsreife (Schwärmzeit) auch in bezug auf das Verhältnis der beiden oxydativen Fermente periodisch variieren, indem z. B. zur Zeit der Geschlechtsreife mit dem parallelen Entstehen eines intensiven positiven Phototropismus auch eine intensive Vermehrung der Katalase stattfinden sollte. In entsprechender Weise sollte bei manchen Insektenlarven, welche kurz vor Beendigung ihres Larvenstadiums ausgesprochen negativ phototropisch werden, eine entsprechende Steigerung des Peroxydasengehalts beobachtet werden. Ich bin bisher noch nicht in der Lage gewesen, diese Folgerung zu prüfen. Daß aber die physiologischen Oxydationsvorgänge gerade in den bezeichneten biologischen Perioden, zumal zur Zeit der Geschlechtsreife, abnorme Werte erlangen, ist bekannt.

§ 41. Weiterhin hat sich bei den Versuchen mit Porthesiaräupchen sowie nach Experimenten mit Mehlwürmern, welche hier nicht mitgeteilt wurden, ergeben, daß die positiv phototropische Reaktion der Porthesiaräupchen sowie die negativ phototropische Reaktion der Mehlwürmer ein lebenserhaltender Akt ist insofern, als die positiv phototropischen hungernden Räupchen länger im Hellen als im Dunkeln, die hungernden Mehlwürmer länger im Dunkeln als im Hellen bei sonst vollkommen gleichen Versuchsbedingungen am Leben bleiben. Ich glaube, daß diese finale Seite der phototropischen Vorgänge noch keineswegs die Beachtung gefunden hat, welche sie verdient, und ich selbst wurde erst im Verlauf der Versuche auf ihre Wichtigkeit aufmerksam. Diese Frage ist darum für eine photochemische Theorie des Phototropismus so wichtig, weil die Tatsache der größeren Sterblichkeit unter den dem Sinn des vorhandenen Phototropismus entgegengesetzten Belichtungsbedingungen mit aller Deutlichkeit auf die Zwangsläufigkeit der phototropischen Reaktionen hinweist. Die anthropomorphen Vorstellungen über die freie „modifiability of behaviour“ usw. derartiger Organismen, wie sie z. B. neuerdings von einigen amerikanischen Biologen wieder aufgebracht worden sind, berücksichtigen alle nicht diesen Umstand, daß ein Tier darum positiv phototropisch ist, weil es unter sonst gleichen Versuchsbedingungen im Hellen länger am Leben bleibt. Natürlich gilt diese Erhaltungsmäßigkeit der phototropischen Reaktionen nur so lange, solange sekundäre Einflüsse die vom Licht abhängigen Vorgänge im Tierkörper nicht überdecken. Es ist aber möglich, diese sekundären Einflüsse durch entsprechende Versuchsbedingungen weit herabzudrücken oder konstant zu halten, so daß die Wirkungen des Lichtes die Hauptrolle spielen. Dies geht z. B. aus den Versuchen mit hungernden Tieren deutlich hervor. (Vergleiche übrigens hierzu die schönen Ausführungen von J. Loeb, Journ. of exper. Biology, 4, 1907: „Concerning the Theory of Tropisms“).

Auch insofern kann für den Begriff der „modifiability of behaviour“ ein besserer, weil experimentell greifbarer Begriff gesetzt werden, als man auf Grund obiger Versuche für die Tatsache, daß manche Tiere positiv, manche negativ, manche wiederum periodisch phototropisch sind, das in ganz bestimm-

tem Sinne variierende Verbreitungsverhältnis der hier untersuchten Oxydasen setzen kann. Ich hüte mich, zu behaupten,
daß mit dem geschilderten Verhalten dieser beiden Fermente
die genannten Formen phototropischer Tiere erschöpfend charakterisiert sind. Im Gegenteil habe ich eine Anzahl hier nicht
geschilderter Versuche angestellt, welche z. B. auch für die
Tyrosinase der Insekten eine wechselnde Verbreitung, die,
beiläufig gesagt, im großen und ganzen parallel mit der Verbreitung der Peroxydase geht, ergaben. Selbstverständlich
werden sich bei weiterem Studium noch mehr lichtempfindliche
Stoffe, Prozesse und Verhältnisse ergeben, welche ebenfalls für
positive und negative phototropische Tiere charakteristisch sind.

§ 42. Versucht man nun näher zu analysieren, worin die
lebenserhaltende Wirkung der Belichtung bei einem positiv
phototropischen Tiere besteht, so geben die oben beschriebenen
Versuche hierauf die folgende Antwort. Durch intensivere Belichtung der Extrakte, insbesondere aber auch der lebenden
Tiere, findet durchweg, soweit die obigen Untersuchungen sich
erstrecken, gleichzeitig eine Verminderung des Katalasengehalts und eine Vermehrung des Peroxydasengehalts statt. Es ist charakteristisch, daß diese entgegengesetzte Wirkung deutlicher bei Belichtung lebender Tiere als
bei Belichtung von Extrakten zum Vorschein kommt, wenn
schon auch bei den letzteren bei größeren Lichtintensitäten
oder bei längerer Belichtungsdauer der bezeichnete Parallelis-
mus außer Zweifel steht. Es folgt also hieraus, daß in einem
positiv phototropischen Tiere die genannten zwei Fermente in
einem physiologischen Ungleichgewicht stehen, wie namentlich daraus hervorgeht, daß positiv phototropische Tiere (Porthesiaräupchen) im Dunkeln eher sterben als im Hellen. Dieses
Ungleichgewicht wird durch die positiv phototropische Reaktionsfähigkeit im Sinne einer Annäherung an ein physiologisches Gleichgewicht dadurch verschoben, daß die im positiv phototropischen Tier überwiegende Katalase vermindert,
die kaum oder nur in geringer Menge vorhandene Peroxydase
durch Belichtung vermehrt wird. Auf der andern Seite wird
bei einem negativ phototropischen Tier durch die negative Reaktion, d. h. durch Lichtentziehung einer weiteren photochemischen Vermehrung der von vornherein in relativ großer

Konzentration vorhandenen Peroxydase vorgebeugt sowie andererseits die Entwicklung oder zum wenigsten die Erhaltung der Katalase begünstigt. Wir können also positiv phototropische Tiere als in einem positiven Ungleichgewicht in bezug auf die Katalase, negativ phototropische Tiere als in einem positiven Ungleichgewicht in bezug auf die Peroxydase bezeichnen und die entsprechenden Richtungsbewegungen als Reaktionen auffassen, welche diese zwei extremen Verhältnisse im Sinne einer Annäherung an einen mittleren oder normalen Wert verschieben.

Was nun eine eingehendere Begründung dieser Anschauungen resp. eine entsprechende Parallelisierung der Einzelheiten anbetrifft, so sei hier in Kürze nur der folgende Punkt hervorgehoben. Besonders deutlich ist die Parallele zwischen dem Einfluß der Wellenlänge des Lichtes einerseits auf den Oxydasengehalt tierischer Extrakte, andererseits auf die phototropischen Erscheinungen. Hier wie dort wirkt violettes Licht wie gemischtes Licht, gelbes (oder rotes) Licht wie Dunkelheit, und zwar ergab sich einwandsfrei bei den Versuchen über den Lichteinfluß auf den Oxydasengehalt lebender Tiere sogar mit erstaunlicher Genauigkeit, daß der Einfluß der Wellenlänge auf Peroxydase und Katalase ein entgegengesetzter ist, ein Verhalten, welches die oben dargelegten Anschauungen fordern. Weitere Parallelen ergeben sich leicht bei einem Vergleich der in der folgenden Zusammenfassung zusammengestellten wichtigsten Versuche mit den entsprechenden phototropischen Erscheinungen. Eine ausführlichere Diskussion dieser Einzelheiten möchte ich erst dann vornehmen, wenn meine Versuche über den Einfluß von H- und OH-Ion, Alkohol usw. beendet und publiziert sein werden.

§ 43. Zu Anfang dieser Arbeit wurde mitgeteilt, daß der Gedanke, die phototropen Reaktionen der Tiere könnten Atmungsreaktionen im allgemeinen Sinne des Wortes sein, den Anlaß zu den vorliegenden Untersuchungen gab. Von den zwei Wegen, welche für eine Prüfung dieses Gedankens mir zunächst in Betracht zu kommen schienen, habe ich aus oben näher angegebenen Gründen die Veränderlichkeit oxydativer Fermente unter dem Einfluß des Lichtes der Untersuchung des Wechsels z. B. des respiratorischen Koeffizienten unter wechselnden Belichtungsbedingungen vorgezogen. Daß übrigens auch auf diesem Wege positive Resultate für eine derartige Theorie des tierischen Phototropismus zu erlangen gewesen wären, zeigen u. a. die Untersuchungen von Luciani und Lo Monaco[1]), welche fanden, daß die energisch positiv phototropischen jungen Räupchen des Seidenspinners bei Tage, d. h. im Lichte, bedeutend mehr Kohlensäure abschieden als in der Nacht (im Dunkeln). Es fragt sich nun, ob und in welcher Weise die hier mitgeteilten Oxydasenversuche für die Berechtigung der Annahme sprechen, daß die lichtempfindlichen Prozesse, welche den phototropischen Reaktionen zugrunde liegen, die Vorgänge der allgemeinen Gewebeatmung sind.

Diese Frage ist eng verknüpft mit dem Problem des Mechanismus der physiologischen Verbrennung überhaupt. Es wurde schon oben des öfteren Gelegenheit genommen, darauf hinzuweisen, daß wir leider über diesen Mechanismus noch sehr im unklaren sind und daß das einzige, was wir nach den neueren Forschungen mit beträchtlicher Wahrscheinlichkeit, vielleicht mit Sicherheit sagen können, das ist, daß die physiologische Verbrennung nur ein fermentativer oder katalytischer Vorgang sein kann. Auch die vor der Kenntnis des Vorhandenseins und der Rolle oxydativer Fermente vor fast 20 Jahren ausgesprochene Ansicht von Pfeffer, daß es zur physiologischen Oxydation vieler Stoffe eines „Mitreißens in das Stoffwechselgetriebe" bedarf, ist nur ein anderer Ausdruck für diesen auf neueren Forschungen beruhenden Schluß, da die Pfeffersche Kennzeichnung sich ja gerade auf die Einführung von Reaktionen bezieht, deren charakteristische Eigenschaft der Umstand ist, daß sie sich unter gewöhnlichen Umständen nur äußerst langsam vollziehen.

Wenn es nun auch wegen des Fehlens einer einwandfreien und überzeugenden fermentativen Theorie der physiologischen Verbrennung nicht möglich ist, die Einzelheiten des Einflusses der Belichtung auf denselben mit wünschenswerter Schärfe nachzuweisen, so folgt doch aus der in obigen Versuchen beschriebenen zweifellos starken Lichtempfindlichkeit oxydativer

---

[1]) Luciani und Lo Monaco: Arch. ital. de Biol. 23, 424 bis 433, 1895; Atti della R. accad. dei Georgofili 18, 1895.

Fermente, daß auch die durch diese Fermente veranlaßten oder beschleunigten Reaktionen, also die allgemeinen Atmungsvorgänge selbst, lichtempfindlich sind. Denn obschon die diesbezüglichen Versuche in einer nächsten Abhandlung geschildert werden, hat es sich, wie überdies zum Teil bekannt, resp. zu erwarten war, auch bei den hier untersuchten tierischen Oxydasen gezeigt, daß die Geschwindigkeiten der Reaktionen abhängig von den Konzentrationen der Fermente sind. Auf der anderen Seite aber kann nicht angenommen werden, daß die zwei untersuchten Fermente trotz ihrer, in charakteristischer und konstanter Weise variierender Verbreitung überhaupt keine Rolle bei diesen Prozessen spielen. Denn obschon aus dem Vorhandensein derartiger Stoffe nicht ohne weiteres die Notwendigkeit ihrer Verwendung im tierischen Stoffwechsel folgt, so sind doch mehrere Punkte bereits in der Einleitung angeführt worden, welche gerade die Mitwirkung dieser zwei Fermente wahrscheinlich machen. Wollte man die Mitwirkung gerade dieser zwei oxydativen Fermente bestreiten, so wäre man genötigt, nach anderen Oxydasen, von welchen bisher nichts bekannt ist, zu suchen. Im übrigen ist ja z. B. die Mitwirkung der Katalase bei der Reduktion des Oxyhämoglobins, wie oben erwähnt wurde, sehr wahrscheinlich gemacht worden, und, was das Vorkommen von Peroxydasen in lebenden Organismen anbetrifft, so möchte ich den von mir angestellten Versuch, nachdem ein Tropfen Hämolymphe von Dytiscus usw. sofort nach der Entleerung aus der Leibeshöhle (d. h. innerhalb der ersten Minute) mit H_2O_2 und Guajac eine Bläuung gibt, anführen.

Endlich spricht auch die spezifische Lichtempfindlichkeit beider Fermente im Zusammenhang mit den phototropischen Erscheinungen lebhaft für die Mitwirkung beider Fermente sowie für eine Reaktions-Kuppelung der durch sie beschleunigten Reaktionen, und gestattet umgekehrt wieder einen positiven Schluß für die Annahme, daß die phototrophischen Reaktionen in der Tat Atmungsreaktionen sind. Der hier in Frage kommende Punkt ist der bemerkenswerte Umstand, daß sowohl die positiven wie die negativen phototropischen Reaktionen zur Annäherung eines Verhältnisses dieser beiden Fermente, welches bei positiven und negativen Tieren gleich

extrem, aber von entgegengesetztem Wert ist, an einen
Mittelwert, d. h. zu einer Ähnlichkeit der durch diese
Fermente bedingten Reaktionen und Reaktionsfolgen führen.
Es liegt nun sehr nahe, anzunehmen, daß dieses mittlere
Konzentrationsverhältnis, welches von positiv und negativ
phototropischen Tieren in gleichem Sinne, aber auf entgegengesetzten Wegen erstrebt wird, dasjenige ist, bei welchem die
integrierenden Vorgänge der Gewebeatmung normal, d. h.
möglichst erhaltungsgemäß verlaufen. Wie bereits oben erwähnt,
hat schon Pfeffer die Möglichkeit eines derartigen normalen
Verhältnisses zwischen den hier in Betracht kommenden Oxy-
dations- und Reduktionsvorgängen ins Auge gefaßt. Diese
Annahme wird nun auf das kräftigste unterstützt durch die
Tatsache, daß die phototropischen Reaktionen bei Ausschaltung
sekundärer Einflüsse wirklich erhaltungsgemäße sind, wie
dies oben ausführlich erörtert wurde. — Ich glaube, daß in
der Tat von dieser Seite her der Annahme, daß phototropische
Reaktionen Atmungsreaktionen sind, nicht nur keine Schwierigkeiten entgegenstehen, sondern nur Unterstützungen für sie zu
erwarten sind.

§ 44. Endlich möchte ich noch kurz auf einen Punkt eingehen, der anscheinend von besonderer Komplikation, allerdings
aber auch von besonderem Interesse ist. Dies ist der Einfluß
des Nervensystems sowie der optischen Sinnesorgane auf die
phototropischen Reaktionen der Tiere. Bekanntlich ist eine
phototropische Reaktionsfähigkeit nicht notwendig verknüpft
mit dem Vorhandensein von Licht perzipierenden Organen.[1]
Wohl aber ist es auf der andern Seite unzweifelhaft, daß in
vielen Fällen diese Organe mitwirken, resp. eine Steigerung
der Lichtempfindlichkeit im Vergleich zu der solcher Tiere,
denen die Augen entfernt worden sind, veranlassen. Bei Tieren,
welche, wie z. B. Dytiscus und Hydrophilus, vollkommen von
einem dicken Chitinpanzer umgeben sind, erscheint eine Beeinflussung auf einem andern nicht nervösen Wege und gleichzeitig damit das Zustandekommen einer phototropischen Reaktion
überhaupt nicht gut möglich. Man kann nun fragen, in
welchem Zusammenhang diese Erscheinungen mit den hier ver-

---

[1] J. Loeb: Vorles. über d. Dynamik d. Lebensersch. 1906, 188

tretenen Anschauungen über die Rolle photochemisch beeinflußbarer Oxydationsvorgänge bei den Erscheinungen des Phototropismus stehen.

Zunächst ist bekannt, daß nicht nur bei höheren Tieren die Atmungsbewegungen von nervösen Zentren abhängig sind, sondern es ist z. B. von Vernon[1]) gezeigt worden, daß auch die Gewebeatmung bei Fröschen und Kröten, namentlich in ihrer Abhängigkeit von der Temperatur und gemessen durch die Kohlensäureabgabe, von nervösen Zentren im Rückenmark weitgehend beeinflußt wird. Sodann möchte ich an die bekannten Pawlowschen Versuche über die nervöse Beeinflussung der Magensaft- ev. auch der Pankreassaft-Sekretion erinnern, welche bei aller Kritik in bezug auf den Anteil, welchen die nervöse Produktion im Vergleich zur chemischen Reizung an dem Gesamtergebnis hat, doch unzweifelhaft die Möglichkeit einer Steigerung der Sekretion ganz spezifischer Fermente auf nervösem Wege erwiesen haben. Ich möchte nun die Vermutung aussprechen, daß auch durch die lichtperzipierenden Nerven, resp. ihre Sinnesorgane eine Beeinflussung und insbesondere eine Steigerung in der Bildung von Fermenten möglich ist, sowie daß es am nächstliegendsten erscheint, anzunehmen, daß gerade die lichtempfindlichen Oxydasen durch Nerven, welche auf Lichtreize reagieren, vermehrt oder vermindert werden können. Vielleicht ist es in diesem Zusammenhange zweckdienlich, darauf hinzuweisen, daß bekanntlich der Sehpurpur der höheren Tiere nach Belichtung eine deutlich saure Reaktion zeigt, ein Umstand, welcher durchaus auf stattgehabte Oxydationsvorgänge schließen läßt. Gut entsprechen würde der namentlich bei niederen Tieren zu beobachtenden relativen Unabhängigkeit der Lichtempfindungen und phototropischen Reaktionen von bestimmten Nerven oder Nervenendigungen die große Verbreitung und im Vergleich zu anderen Fermenten relativ geringe Lokalisierung der beiden oxydativen Fermente. In der Tat findet die nach den bisherigen Ergebnissen als durchaus allgemein zu bezeichnende Verbreitung der genannten zwei Oxydasen eine ausgezeichnete Parallele in der gleichfalls überall zu beobachtenden Reaktionsfähigkeit tierischer Organismen auf Belichtung.

[1]) Vernon: Journ. of Physiol. 21, 443—496, 1897.

Man könnte eine derartige nervöse Beeinflussung des Oxydasengehalts lebender Tiere derart nachzuweisen versuchen, daß man z. B. zwei Dytiscus, bei welchen eine „dermatoptische" Lichtempfindlichkeit ausgeschlossen ist oder vielleicht ausgeschlossen werden könnte, verschiedenen Belichtungsbedingungen aussetzt, indem man das eine Exemplar belichtet, das andere verdunkelt, oder dem einen Exemplar die Augen exstirpiert oder mit Lack bedeckt und beide belichtet. Ich habe derartige Versuche begonnen.

V. Zusammenfassung.

In folgender Zusammenfassung sollen nur die wichtigsten neuen Resultate der vorliegenden Untersuchung in möglichster Kürze wiedergegeben werden. Auf die bei diesen Versuchen benutzten Methoden sowie auf alle Einzelheiten muß auf den Text verwiesen werden.

1. Der Zweck der vorliegenden Abhandlung bestand darin, nach eventuellen photochemischen Unterlagen für die phototropischen Reaktionen der Tiere zu suchen. Insbesondere sollte untersucht werden, ob der auf Grund allgemein biologischer Erwägungen sich ergebende Gedanke, daß die phototro- Reaktionen der Tiere in engem Zusammenhang mit den Vorgängen der allgemeinen Gewebeatmung stehen, experimentell gestützt werden kann. Von den verschiedenen Methoden, die in Betracht kamen, wurde die Untersuchung der Lichtempfindlichkeit der oxydativen Fermente, welche bei der Gewebeatmung zweifellos eine sehr wichtige, wenn auch noch nicht vollständig aufgeklärte Rolle spielen, gewählt. Diese untersuchten 2 Fermente sind die H_2O_2 zersetzende Katalase und die Guajac mit und ohne H_2O_2 bläuende Peroxydase. Alle Einzelheiten der Versuchstechnik usw. siehe den Text.

2. Katalasenextrakte, sowohl aus frisch mit Chloroform getöteten als auch aus getrockneten Tieren hergestellt, werden kräftig und schnell durch künstliche und natürliche Belichtung zerstört. Desgleichen wird auch die H_2O_2-Zersetzung selbst durch Licht bedeutend verlangsamt. Die zerstörende Wirkung

des Lichtes nimmt hierbei zu bei abnehmender H_2O_2-Konzentration usw. Was den Einfluß der Wellenlänge des Lichtes anbetrifft, so nimmt die zerstörende Wirkung des Lichtes ab in der Reihenfolge Hell > Violett > Gelb > Dunkel. — Die Versuche wurden angestellt mit Extrakten aus lebenden Dytiscus, Hydrophilus, Porthesia-Räupchen und mit Extrakten aus getrockneten Porthesia-Räupchen.

3. Gleich den Fermentlösungen und Reaktionsgemischen erleiden auch die lebenden Räupchen von Porthesia chrysorrhoea bei Belichtung einen beträchtlichen Verlust an Katalase. Dies wurde durch Untersuchung von „Normal‘‘-Extrakten von Räupchen, die im Dunkeln, und solchen, die im natürlichen Licht gehalten wurden, festgestellt. Dieser Unterschied ist auch bei Berücksichtigung der Temperatur sowie bei Benutzung des Materials aus einem Neste stets vorhanden.

4. Im Dunkeln findet sowohl bei einer Temperatur von 8 bis 10^0 als auch von 15 bis 19^0 anfänglich eine Vermehrung der Katalase statt, welche aber bei längerer Versuchsdauer regelmäßig in eine Abnahme der Katalase übergeht. Dieser An- und Abstieg findet viel schneller bei der genannten höheren als bei der tieferen Temperatur statt. Die anfängliche Vermehrung ist jedenfalls auf eine Steigerung der physiologischen Funktionen infolge der im Vergleich zur Überwinterungstemperatur des Nestes (nicht über 6^0) in beiden Fällen höheren Versuchstemperatur zurückzuführen.

5. Der Einfluß der Wellenlänge des Lichtes auf den Katalasengehalt lebender Räupchen ist ein ziemlich verwickelter.

6. Während der ersten ca. 3 Versuchstage nimmt der Katalasengehalt in folgender Reihenfolge ab: Gelb > Dunkel > Violett > Hell. Es zeigt sich insofern ein wichtiger Unterschied im Vergleich zu dem entsprechenden Verhalten von Fermentextrakten und Reaktionsgemischen, als im gelben Lichte der größte Katalasengehalt gefunden wurde. Der Grund hierfür liegt darin, daß zunächst die anfängliche Steigerung des Katalasengehaltes, wie sie im Dunkeln bereits festgestellt wurde, auch im gelben Lichte, aber hier in einem noch größeren Umfang stattfindet. Sodann wird auch die Konservierung der Katalase resp. vielleicht die physiologische, der Lichtzerstörung entgegenwirkende Neubildung der Katalase

durch die gelben Strahlen begünstigt. Im Gegensatz hierzu läßt sich im violetten Lichte keine anfängliche Vermehrung beobachten; der Gehalt nimmt mit der Belichtung stetig ab. Es scheint also die physiologische Bildung der Katalase ein Prozeß zu sein, welcher im Vergleich zur Dunkelreaktion durch gelbe Strahlen begünstigt, durch violette dagegen gehemmt wird, in ähnlicher Weise, wie dies von Trautz und Thomas für gewöhnliche chemische Reaktionen gefunden worden ist. — Eine vorübergehende Vermehrung der Katalase auch im gemischten, aber schwachen diffusen Licht, welche voraussichtlich auf die Wirkung der im gemischten Licht vorhandenen gelben Strahlen zurückzuführen ist, wurde einmal beobachtet.

7. Bei längerer Versuchsdauer (über 3 Tage) sterben die Räupchen bei gleichen Temperatur usw. — Bedingungen in folgender Reihenfolge: Gelb, Violett, Dunkel, Hell. Es zeigt sich also, daß die normale positiv phototropische Reaktion der Räupchen in der Tat eine lebenserhaltende ist, ein Umstand, der für die physiologische Theorie des Phototropismus von Wichtigkeit ist. Beim Vergleich der Sterblichkeit mit dem Katalasengehalt von zwar noch lebenden, aber kurz vor dem Absterben befindlichen Räupchen ergiebt sich, mit Ausnahme zunächst von „Violett", daß die Räupchen mit dem höchsten Katalasengehalt am ehesten sterben. Der Katalasengehalt nimmt in diesen Versuchsstadien ab in der Reihenfolge: Gelb $>$ Dunkel $>$ Hell; die gleiche Reihe zeigt die Sterblichkeit. Im violetten Licht nimmt der Katalasengehalt während der letzten Lebenszeit der Räupchen außerordentlich stark ab und sinkt unter sämtliche anderen Werte. Trotzdem sterben die Räupchen nicht am spätesten, sondern nach den im gelben Licht gehaltenen. Der Grund hierfür liegt, wie des näheren auseinandergesetzt wird, mit großer Wahrscheinlichkeit darin, daß ebenso wie zu intensive Beleuchtung eine Umkehrung der positiven phototropen Reaktion vieler Tiere in eine negative Reaktion veranlaßt, auch eine übermäßige Zerstörung der Katalase schädlich wirkt. Diese übermäßige Zerstörung der Katalase im violetten Lichte wird darauf zurückgeführt, daß das violette Licht, wie schon aus dem Fehlen der sonst allgemein gefundenen anfäng-

lichen Steigerung des Katalasengehaltes hervorgeht, jede Neubildung oder Regeneration der zerstörten Katalase hindert.

8. Weiterhin wurde eine Variation der Färbung der
Extrakte, die aus unter verschiedenen Belichtungsbedingungen
gehaltenen Räupchen hergestellt wurden, beobachtet. Die
Extrakte aus „Dunkel“-Raupen waren weniger gelblich als
die der „Hell“-Raupen gefärbt. Ein Vergleich zwischen dem
Einfluß der Wellenlänge des Lichtes auf den Katalasengehalt
und die Färbung der Extrakte ergab, daß die Extrakte
um so gelblicher sind, je weniger Katalase sie enthalten.

9. Endlich wurde gefunden, daß die Räupchen im Hellen
im Vergleich zu den „Dunkel“-Räupchen regelmäßig an Gewicht zunehmen. Ein Zusammenhang zwischen dieser Gewichtsveränderung und dem Katalasengehalt ließ sich nicht feststellen; die Gewichte der Räupchen nahmen in einem Versuch
über den Einfluß farbigen Lichtes ab in der Reihenfolge: Hell >
Dunkel > Gelb > Violett, der Katalasengehalt in der Reihe:
Dunkel > Hell > Violett > Gelb.

Die Untersuchungen über den Einfluß der Belichtung auf
den Peroxydasengehalt tierischer Extrakte ergaben insbesondere die folgenden Resultate.

10. Bei geringen Belichtungsintensitäten (schwaches diffuses
natürliches Licht und Auerlicht) übt das Licht Wirkungen
aus, welche die natürliche Vermehrung peroxydasehaltiger
Extrakte in Gegenwart von Sauerstoff hindern. Diese „negativen“ Lichtwirkungen sind stärker bei alten und konzentrierten Extrakten als bei frischen und verdünnteren,
resp. dauern länger bei ersteren als bei letzteren. (Bei
längerer Versuchsdauer findet eine Umkehrung der „negativen“
zu „positiven“ Lichtwirkungen statt (siehe den nächsten Ab-
satz). Frische Extrakte zeigen diese Umkehr nach kürzerer
Belichtung als alte). Wie aus speziellen Versuchen hervorgeht,
handelt es sich bei diesen „negativen“ Lichtwirkungen nicht
um eine Zerstörung der Peroxydase, sondern um eine Verlangsamung derjenigen Reaktionen, welche bei Gegenwart
von Sauerstoff zu einer Vermehrung der Peroxydase führen
(Fig. 1).

11. Der „negative“ Einfluß der Wellenlänge des Lichts

bei schwachen Intensitäten ist ebenfalls von der Belichtungsdauer abhängig, indem bei längerer Belichtung ebenfalls „positive" Lichtwirkungen an Stelle der „negativen" treten. Während der ersten Belichtungsstunden (Auerlicht) hinderte gelbes und violettes Licht noch stärker als gemischtes. Hierauf begünstigt in späteren Stadien gelbes Licht stärker die Peroxydasenbildung als violettes, ja bei frischen Extrakten sogar stärker als Dunkelheit und gemischtes Licht. Früher bei frischen als bei alten Extrakten werden sodann die Einflüsse farbigen Lichtes einander entgegengesetzt, insofern als Violett wie gemischtes Licht fördernde „positive" Wirkungen, Gelb dagegen wie Dunkelheit hindernde oder „negative" Wirkungen auf den Peroxydasengehalt der Extrakte ausübt. Nähere Einzelheiten dieser ziemlich komplizierten Verhältnisse sind in den beschriebenen Versuchen einzusehen (hierzu Fig. 2 und 3). — Es werden einige Einwände gegen die Eindeutigkeit dieser Resultate, fernerhin einige sehr allgemeine Vermutungen über die chemische Natur der negativen Lichtwirkungen erörtert.

12. Die wichtigsten Resultate der über „positive" Lichtwirkungen angestellten Versuche sind folgende.

Direktes Sonnenlicht oder intensives diffuses Tageslicht beschleunigen sofort die natürliche Peroxydasenvermehrung tierischer Extrakte in Gegenwart von Sauerstoff. Bereits nach 5 Minuten Sonnenbelichtung läßt sich zuweilen bei frischen Extrakten (Darminhalt hungernder Mehlwürmer, überwinternder und hungernder Dytiscus und Hydrophilus, Hämolymphe der letzten beiden sowie ausgewachsener Cossusraupen, überwinternde Porthesiaräupchen) ein deutlicher Unterschied $H \geqq D$ nachweisen. Diese Unterschiede treten schneller und intensiver bei frischen als bei alten Extrakten auf. Ferner zeigen verdünntere Extrakte stärkere „positive" Lichtwirkungen als konzentriertere. Morgenlicht scheint besonders intensive „positive" Lichtwirkungen hervorzurufen. Ein einziges Mal gelangten bei einem frischen Extrakt auch nach sechsstündiger Belichtung mit Auerlicht „positive" Lichtwirkungen zur Beobachtung.

13. Was den Einfluß der Wellenlänge anbetrifft, so ergibt sich bei Sonnenlicht oder intensiverem diffussem Licht für die „positiven" Lichtwirkungen sofort die Reihenfolge $V > H \geqq$

$D > G$. Meist ist der Unterschied zwischen V und H auf der einen Seite, D und G auf der anderen Seite besonders groß, eine Gruppierung, welche oben bereits für die zerstörenden Wirkungen des Lichtes auf die Katalase gefunden wurde. Frische Extrakte zeigen intensivere „positive" Wirkungen als ältere; desgleichen verdünntere eine stärkere Wirkung als konzentriertere. Nähere Einzelheiten sind bei den Versuchen selbst einzusehen.

14. Es wird auf eine interessante Erscheinung aufmerksam gemacht, welche an „Erholungs"-Erscheinungen insofern erinnert, als ein durch starke Belichtung in seiner Peroxydasenvermehrung beschleunigter Extrakt diese sistiert oder doch sehr verlangsamt, falls die Belichtung plötzlich wieder abgeschwächt wird, verglichen mit einem, unter gleichen Bedingungen gehaltenen verdunkelten Extrakt. Der „positive" Unterschied $H < D$ verwandelt sich m. a. W. bald nach Verringerung oder Entziehung der Belichtung in $H \sim D$ oder $D > H$.

15. Bei sehr langer Belichtung (über 6—8 Tage) nimmt der Peroxydasengehalt des belichteten Extrakts wieder ab, und zwar schneller als der eines unter gleichen Bedingungen gehaltenen verdunkelten Extrakts. Allgemein ist zu beobachten, daß tierische peroxydasehaltige Extrakte unter Chloroformzusatz und bei beliebigen Belichtungsbedingungen mit der Zeit ihren Peroxydasengehalt verlieren.

Auch über den Einfluß der Belichtung auf den Peroxydasengehalt lebender Porthesiaräupchen wurden Versuche angestellt.

16. In derselben regelmäßigen Weise, in welcher bei Belichtung (helles diffuses Tageslicht oder direktes Sonnenlicht) der Katalasengehalt lebender Porthesiaräupchen zerstört wird, vermehrt sich der Peroxydasengehalt derselben.

17. Was den Einfluß der Wellenlänge des Lichtes anbetrifft, so begünstigt bei nicht zu langer Exposition violettes Licht in ähnlicher, aber stets etwas schwächerer Weise wie gemischtes Licht die Vermehrung der Peroxydase. Im Gegensatz hierzu wirkt gelbes Licht ähnlich wie Lichtentziehung (Dunkelheit), hindert sogar die Peroxydasenentwicklung im lebenden Tierkörper in etwas mehr als der Hälfte der untersuchten Fälle noch stärker als Lichtentziehung.

18. Es stellt sich ferner eine fast vollkommen genaue

Parallele zwischen dem zerstörenden Einfluß der Spektralbezirke auf die Katalase und dem entwickelnden oder vermehrenden Einfluß derselben auf die Peroxydase heraus. Diese Parallele ist auch unter verschiedenartigen Belichtungsbedingungen und insbesondere auch bei variierender Belichtungsdauer immer vorhanden. In einigen Fällen ist die Übereinstimmung absolut, in anderen Fällen variiert nur die Stellung der Belichtungsbedingungen innerhalb der zugeordneten Paare H, V und D, G. Nie findet ein Springen aus einem Paare in das andere statt.

19. Was die Beziehungen zwischen der Sterblichkeit der hungernden belichteten Räupchen und dem Einfluß des Lichtes auf den Peroxydasengehalt anbetrifft, so ergaben sämtliche Versuche, daß im gemischten Licht, in welchem die Räupchen am längsten leben, stets der höchste Peroxydasengehalt festgestellt werden konnte. Auf der anderen Seite entsprach der im Gelb beobachteten größten Sterblichkeit in der Mehrzahl der Fälle auch der kleinste Peroxydasengehalt. Eine Parallele zwischen der Wirkung des violetten Lichtes und der Lichtentziehung auf den Peroxydasengehalt und die Sterblichkeit läßt sich auf Grund der bisherigen Versuche mit Deutlichkeit nicht erkennen.

20. Im IV. Teile der Abhandlung wird die Rolle dieser oxydativen Fermente, sowie ihrer Eigenschaften, soweit sie bis jetzt geschildert wurden, bei den phototropischen Reaktionen der Tiere diskutiert. Die Einzelheiten dieser Diskussion lassen sich in extenso nicht wiedergeben und müssen im Text eingesehen werden. Das allgemeine Resultat dieser Diskussion besteht indessen darin, daß die gefundenen Tatsachen durchaus die Annahme unterstützen, daß die phototropischen Reaktionen der Tiere im engsten Zusammenhang mit den Vorgängen der allgemeinen Gewebeatmung stehen. Weiterhin ergibt sich, daß positiv und negativ phototropische Tiere sehr scharf in bezug auf das Konzentrationsverhältnis der in ihnen enthaltenen Katalase und Peroxydase charakterisiert werden können, insofern als positiv phototropische Tiere außerordentlich katalasereich, aber sehr peroxydasearm, negativ phototropische Tiere dagegen sehr peroxydasereich und relativ katalasearm sind. Die entsprechenden positiv und negativ phototropischen Bewegungen führen zu

einer Annäherung dieser beiden Ungleichgewichte aneinander
sowie zur Herstellung eines physiologischen Gleichgewichtes
oder mittleren Wertes des Konzentrationsverhältnisses der zwei
Oxydasen. Daß tatsächlich auf diesen zwei entgegengesetzten
Wegen eine Ännäherung an ein physiologisches Gleichgewicht
stattfindet, geht daraus hervor, daß bei Ausschaltung sekundärer Beeinflussungen die phototropischen Reaktionen in der
Tat lebenserhaltende Vorgänge sind: Hungernde Porthesia-
räupchen (intensiv positiv phototropisch) leben länger im gemischten Licht als unter allen anderen Belichtungsbedingungen;
hungernde Mehlwürmer (intensiv negativ phototropisch) sterben
schneller bei Belichtung als im Dunkeln.

21. Es wird auf den Einfluß des Nervensystems bei den
phototropischen Reaktionen hingewiesen und die Möglichkeit
erwogen, daß in ähnlicher Weise wie, z. B. die Magensaftsekretion
nervös beeinflußbar ist, auch die Produktion von oxydativen
Fermenten abhängig von der Mitwirkung des Nervensystems
resp. der lichtempfindlichen Organe ist. Neben anderen im
Text einzusehenden Gründen spricht für diese Möglichkeit die
parallele weite Verbreitung einerseits der untersuchten zwei
oxydativen Fermente, andererseits der phototropischen Reaktionsfähigkeit usw.

Es wird eine weitere Abhandlung, deren experimentelle
Grundlagen zum größeren Teile fertig sind, in Aussicht gestellt.
Eine ausführliche Parallelisierung der phototropischen Erschei-
nungen mit den Eigenschaften und der Verbreitung der tierischen
Oxydasen soll nach Erscheinen jener zweiten Abhandlung vor-
genommen werden.

Die in vorliegender Arbeit beschriebenen Versuche wurden
zum Teil im Laboratorium des Zoologischen Institus der Universität Leipzig, zum Teil im Privatlaboratorium meines Vaters
Wilhelm Ostwald angestellt. Es ist mir ein Vergnügen,
dem Direktor des Zoologischen Instituts Herrn Geheimrat
C. Chun für die mir zur Verfügung gestellten Hilfsmittel des
Instituts herzlich zu danken.

Nachtrag.

Die Veröffentlichung der vorliegenden Arbeit ist infolge des Umstandes, daß sie die Habilitationsschrift des Verfassers bildet, mehrfach verzögert worden. Die in dieser Arbeit geschilderten Versuche waren zum größten Teile bereits im Sommer 1907 beendet worden. In den letzten Monaten sind nun einige Arbeiten erschienen, welche z. T. ähnliche Probleme behandeln, und welche daher kurz hier erwähnt werden sollen.

Von Zeller und Jodlbauer sowie von Jamada und Jodlbauer erschienen vor kurzem in dieser Zeitschrift (8, 61—83, 84—97) zwei Mitteilungen, in welchen die Wirkung des Lichtes auf Katalase und Peroxydase sowie der Einfluß sensibilisierender Stoffe bei der Lichtwirkung untersucht wurden. Hier ist von besonderem Interesse einerseits, daß die Katalase (Hämase) in ähnlicher Weise wie in meinen Versuchen stets durch Licht (Sonnenlicht, Quecksilberlicht) zerstört wurde, sowie andrerseits, daß die von diesen Autoren gewählte Peroxydase aus der Meerrettichwurzel sowohl durch Sonnenlicht als auch durch Quecksilberlicht vernichtet wurde. Weiterhin ist auch ein kurzes Referat über die Lichtwirkung auf Katalasen und Peroxydasen des Blutes von G. Lockemann (nach einem Vortrag) erschienen (Münch. med. Wochenschr. 1907, 2162), in welchem über Untersuchungen berichtet wird, die im Gegensatz zu den Versuchen von Jamada und Jodlbauer sowie in Übereinstimmung mit meinen Befunden über „positive Lichtwirkungen“ auf tierische Peroxydasen eine Verstärkung der Peroxydasenreaktion durch vorherige Belichtung ergaben. Nähere Angaben über die Intensität der benutzten Lichtquelle fehlen einstweilen. Interessant ist aber weiterhin, daß Lockemann für den Einfluß des NaCl auf Katalase- und Peroxydasereaktion genau ein reziprokes Verhalten fand.

Jamada und Jodlbauer sind der Ansicht, daß die Ursache der Verschiedenheit der Resultate in bezug auf die Wirkung des Lichts auf peroxydasehaltige Extrakte in der Gegenwart eines Peroxydasenzymogens in den Extrakten zu suchen ist, welch letzteres ev. durch Belichtung aktiviert wird. In der Tat scheint auch mir, wie aus den obigen Untersuchungen an mehreren Stellen hervorgeht, diese Annahme ziemlich gerechtfertigt. Indessen glaube ich, daß noch ein anderer Umstand, welcher von den genannten Autoren ebenfalls gestreift wird, an der Verstärkung der Peroxydasenreaktion durch Belichtung beteiligt ist, nämlich die gleichzeitige Zerstörung der Katalase durch das Licht. Wie schon oben erwähnt, ist von W. Ewald gezeigt worden, daß die Reduktion des Oxyhämoglobins abhängig von der gleichzeitig vorhandenen Katalase ist, und in neuester Zeit sind diese Versuche von Herlitzka[1] modifiziert, wiederholt und bestätigt worden. Es besteht

---

[1] Herlitzka, Atti R. Acc. dei Lincei Roma (5) 16, II, 473 ff. — Mir steht nur das Referat in Chem. Centralbl. 1908, 1, 142 zur Verfügung.

nach diesen Versuchen (ich selbst habe unterdessen ähnliche Erfahrungen machen können) zweifellos ein Antagonismus zwischen den Wirkungen der Katalase und Peroxydase, zum wenigsten im Reagensglas. Auch der reziproke Einfluß von NaCl usw. auf beide Fermente (nach Locke - mann) sowie z. B. der bei den „positiven" Lichtwirkungen in den obigen Untersuchungen zutage getretene Antagonismus in der Wirkung der Wellenlänge des Lichts usw. muß in diesem Sinne herangezogen werden. Ich glaube jetzt schon sagen zu können, daß auch der Einfluß verschiedenartiger Gifte auf beiderlei Fermente ebenfalls in vielen Beziehungen ein reziproker ist.